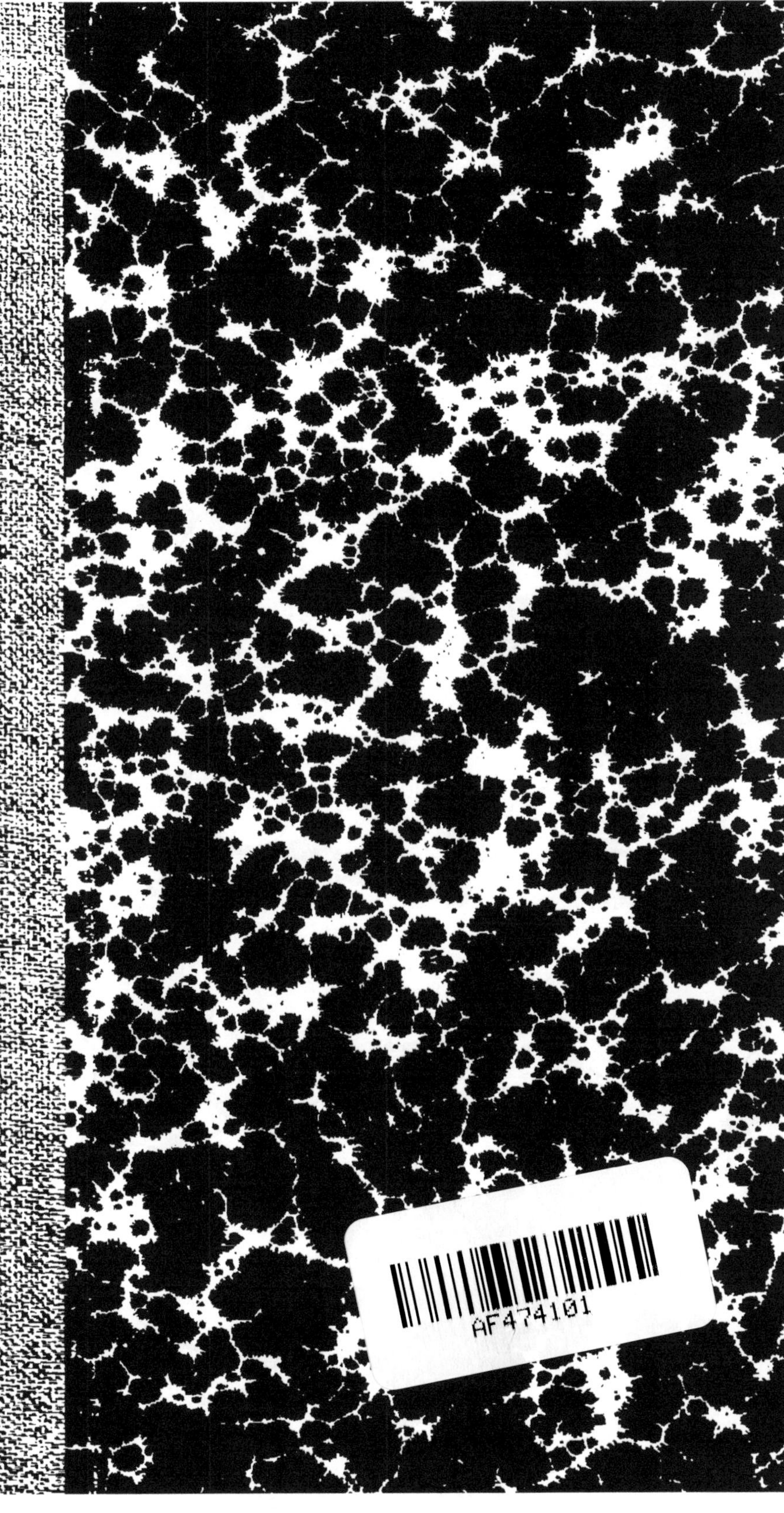
AF474101

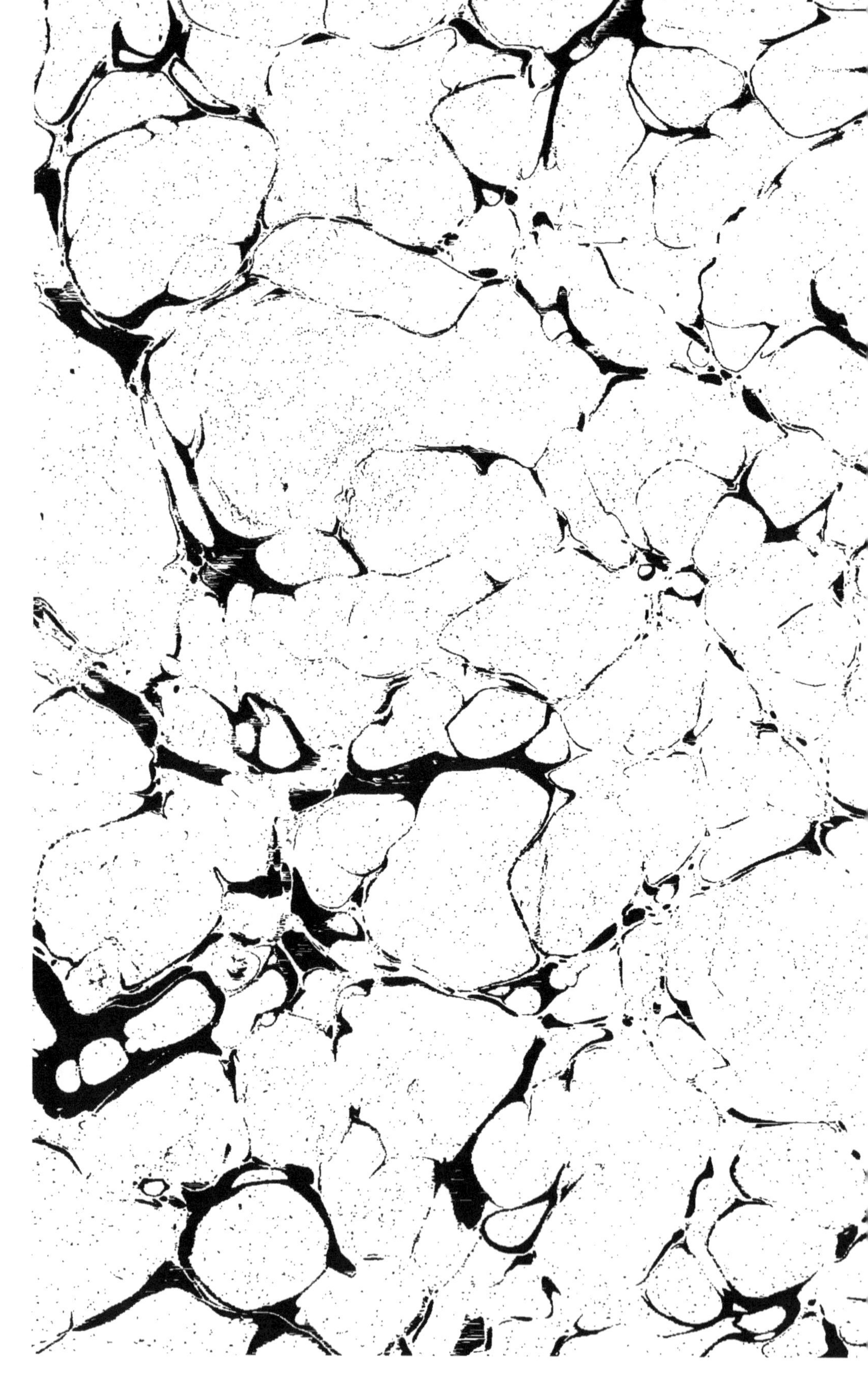

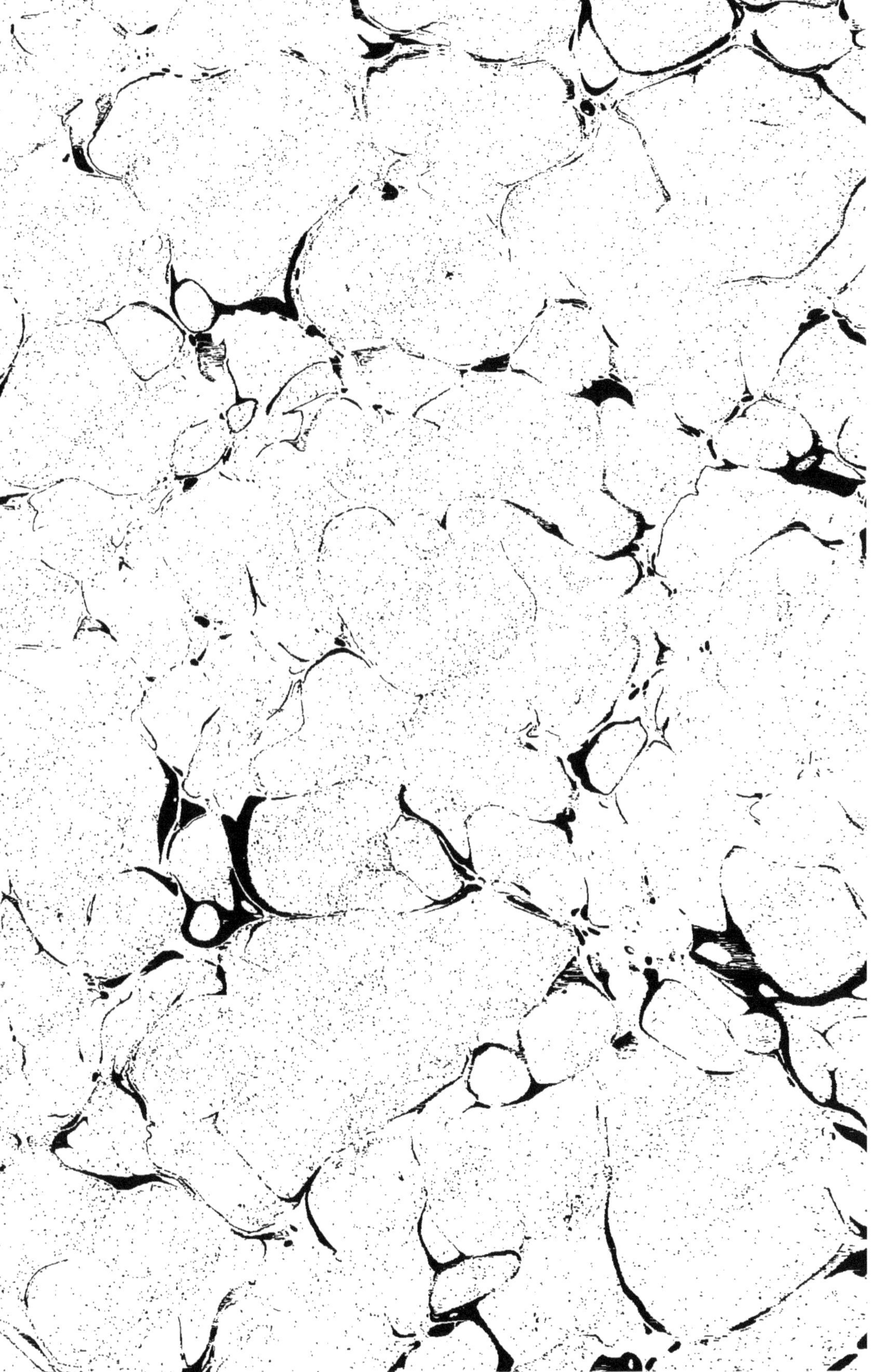

D'UN

VOYAGE EN ÉGYPTE

PAR MADAME

LA COMTESSE ÉLISABETH B***

PARIS

DE L'IMPRIMERIE DE J. CLAYE

7, RUE SAINT-BENOIT

1866

SOUVENIRS

D'UN

VOYAGE EN ÉGYPTE

IMPRIMERIE J. CLAYE
LABOR
PARIS

SOUVENIRS

D'UN

VOYAGE EN ÉGYPTE

PAR MADAME

LA COMTESSE ÉLISABETH B***

PARIS

DE L'IMPRIMERIE DE J. CLAYE

7, RUE SAINT-BENOÎT

—

1866

SOUVENIRS

D'UN

VOYAGE EN ÉGYPTE

CHAPITRE PREMIER.

Trieste, à bord de l'*Archiduchesse Charlotte*.
12 octobre 1864.

Nous levons l'ancre à dix heures du matin par le plus beau temps du monde; le soleil est splendide, la mer calme et d'un bleu d'azur; notre voyage s'annonce sous des auspices favorables. Le capitaine est d'une amabilité charmante ; en me voyant souffrante comme je le suis, il m'a forcée de m'installer dans sa cabine, où je me trouve à merveille; ma sœur a le salon des dames, de sorte que nous sommes loin d'être à l'étroit. Les passagers ne sont pas nombreux, il y en a vingt-cinq à peu près ; personne d'intéressant parmi eux : une famille d'Arméniens, composée d'un homme et de deux femmes, dont l'une a un enfant; ils sont d'une politesse un peu obséquieuse; puis une dame dont le mari est commissaire du Lloyd à Alexandrie; elle a trois petites filles, dont Marianne s'est fait des amies; les hommes sont en grande partie des négociants allemands ou des commis voyageurs; un Anglais qui reste toujours étendu sur le dos et les jambes levées de telle façon que l'on n'a pas encore aperçu son visage. J'ignore pourquoi il lui a pris la fantaisie de venir s'installer dans le pavillon à vitrage qui se trouve sur le pont et dans lequel j'ai établi ma résidence; il arrive avec le *Times* à la main, pose ses pieds sur la table et paraît m'observer; je le regarde du coin de l'œil et parviens enfin à voir son visage; il a l'air stupide, commun et infatué de sa petite personne; je me mets à lire et garde un silence absolu, malgré toute la peine qu'il se donne pour se faire remarquer. Ce tête-à-tête dure pendant deux heures; l'Anglais s'impatiente et descend l'escalier pratiqué dans le pavillon même ; bientôt après, il remonte avec une désinvolture passablement disgracieuse ; ses pieds, peu habitués, à ce qu'il paraît, à toucher terre, font un faux pas ; il trébuche sur les marches et finit par aller piquer une tête dans la porte ; je ne puis réprimer un éclat de rire, qui le rend furieux et lui ôte toute envie de faire ma connaissance. Pendant tout le reste de la journée, il se tient à l'écart en exhibant ses jambes aux yeux des voyageurs. Le capitaine ne lui parle pas, il est outré de sa tenue.

13 octobre.

La journée a été moins bonne ; nous avons eu un peu de roulis ; depuis les confins de la Dalmatie nous voguons en pleine mer ; mon mari a été obligé de se coucher, parce qu'il a été pris de vertiges. Je suis presque la seule à ne pas en avoir.

Les côtes de l'Istrie et de la Dalmatie ne sont ni pittoresques ni très-élevées ; on y aperçoit par-ci par-là quelques villages et des villas qui animent un peu le paysage. Le petit Anglais, après sa malencontreuse chute, s'est chaussé de pantoufles en calicot blanc : il a toujours les jambes en l'air, au grand scandale de tous les passagers.

14 octobre.

Le temps était superbe, la mer unie comme une glace; l'*Archiduchesse Charlotte* voguait avec un calme majestueux. Vers les deux heures, nous aperçûmes Corfou, qui contrastait par sa végétation avec les montagnes arides de l'Albanie, sur lesquelles on apercevait des villages à toitures plates. On me raconta que ces Albanais sont très-pauvres et que jadis ils étaient des pirates terribles; le passage fréquent des bateaux a mis fin maintenant à leurs brigandages, qui ne se renouvellent plus que rarement.

A quatre heures, nous entrâmes dans la rade de Corfou, qui est d'un aspect très-pittoresque; il y a plusieurs éminences qui avancent dans la mer; deux ou trois de ces éminences sont dominées par des élévations sur lesquelles sont bâties des fortifications. La ville s'étend le long du rivage; en face de la ville, on voit les ruines de belles fortifications détruites par les Anglais : c'est un véritable vandalisme. Après notre dîner, nous descendîmes à terre, prîmes une calèche et fîmes une promenade sur l'esplanade; les points de vue sont ravissants à cause de toutes les sinuosités de la route. La lune s'était levée resplendissante, tandis que les rayons du soleil couchant empourpraient ce magnifique paysage. La végétation de Corfou est d'une richesse extrême; on y voit de beaux palmiers, des orangers, des oliviers, des figuiers. Il y a un beau jardin public où les Anglais ont bâti un Casino entouré de magnifiques cyprès. La ville n'a point d'architecture, les maisons y sont laides; on voit encore une ancienne porte, appelée Porta Reale, construite par les Vénitiens et surmontée d'un lion ailé. Nous visitâmes l'église de Saint-Spiridion bâtie depuis quatre siècles; j'y pénétrai avec émotion : c'est un temple de notre culte. Le peuple venait s'agenouiller devant les images qu'il baisait avec respect; nous en fîmes autant et entrâmes ensuite à côté du sanctuaire dans la chapelle où repose le corps du saint. L'aigle impériale est suspendue sur un des pans du mur, l'église est peinte à fresque et tout autour il y a des siéges en bois sculpté. Je m'approchai d'un des prêtres pour lui demander quelques renseignements; il fit appeler le doyen du clergé, qui heureusement parlait l'italien et qui me raconta que l'église se trouvait sous la protection de la Russie et que c'étaient nos compatriotes qui y avaient apporté les armes de l'Empire.

Nous retournâmes à bord par une de ces soirées qu'on ne peut décrire et qu'il faut avoir vues pour s'en faire une idée. Tous les passagers étaient groupés sur le pont et nous entourèrent en nous accablant de questions.

15 octobre.

En quittant Corfou, un vent très-fort s'était élevé pendant la nuit. L'aspect de notre bateau était des plus désagréables; on n'entendait que des plaintes et des gémissements de tous côtés. A dîner, au lieu de trente personnes, nous n'étions plus que cinq. Je ne souffrais pas du mal de mer, mais mes nerfs étaient dans un tel état, qu'une fois arrivée à Alexandrie je tombai en défaillance. Ce fut le 18, à une heure après midi, que nous entrâmes dans la rade; la mer s'était calmée, tous nos passagers se tenaient sur le pont, avides du spectacle qui s'offrait à leurs yeux. Les côtes d'Alexandrie sont peu élevées et privées de végétation; toutefois elles ont un aspect grandiose qui frappe vivement. Le bateau une fois arrêté, nous fûmes littéralement assaillis par une multitude d'hommes de couleur qui envahirent le pont, se bousculant les uns les autres, offrant des bateaux, nous remettant des cartes d'hôtel, etc. Notre drogman nous ayant fait débarquer de suite, nous arrivâmes au môle, où l'on devait nous remettre nos passe-ports; grâce au drapeau russe qu'on avait arboré en l'honneur de mon mari, l'employé du bureau savait d'avance qui nous étions, le capitaine l'avait d'ailleurs prévenu quand il s'était rendu à bord pour chercher les passe-ports. Il nous fit des salutations, des compliments sans fin; la chose se compliqua lorsqu'il nous fallut remettre les passe-ports. Le digne employé ne savait pas lire, quoiqu'il parlât français, langue dans laquelle nos noms étaient inscrits. Cette comédie nous fit beaucoup rire; on finit par nous laisser passer. Nous montâmes dans les calèches qu'on nous avait envoyées de l'hôtel de l'Europe. A la porte de la ville on nous arrêta à la douane, on fouilla dans tous nos sacs sans rien nous prendre; les curieux étaient nombreux et regardaient avec avidité les petits objets de toilette. Avec les bagages ce fut bien pis, il y eut tant de spectateurs que notre courrier fut obligé de se servir d'une *courbache* pour les disperser, afin de pouvoir passer. L'aspect des rues ne peut se décrire : des hommes de toute couleur, avec des costumes orientaux variant à l'infini, passent, crient, se disputent et font un tapage infernal; les femmes, enveloppées de longs voiles blancs et bleus, marchent silencieuses. Arrivés à l'hôtel, nous y trouvâmes des chambres vastes et propres. Le balcon du salon donne sur la place des consuls, où une foule innombrable fait le même bruit que dans les rues. On voit des Européens passer en calèche et précédés d'un coureur ou *saïs* tout vêtu de blanc et portant une *tarbouche* rouge sur la tête; il court d'un pas ferme et accéléré, tenant un bâton à la main pour disperser les passants qui ne se dérangent pour personne. Je suis à écrire à une de mes fenêtres et mon œil est sans cesse distrait par le spectacle que j'ai devant moi.

20 octobre.

Nous sommes allés faire une promenade à la colonne de Pompée; nous avons passé devant des villas et des jardins de palmiers d'une splendeur toute tropicale; les rues sont boueuses et sales; les belles villas sont entourées de misérables masures et de cafés, où les Arabes jouent aux dominos, tandis que les femmes lavent leurs hardes dans des mares d'eau. Arrivés près de la colonne, nous avons été scandalisés d'y voir le nom d'un fabricant anglais, — Thomson, — écrit en grosses lettres. Nous longeâmes ensuite le canal Mahmoudié; à un tournant où le désert commence, nous aperçûmes un campement de Bédouins avec leurs troupeaux ; leurs tentes paraissaient des plus misérables. Le long du canal on voit des villages fellahs composés de masures immondes ; des femmes, des hommes, des enfants déguenillés étaient groupés autour de ces masures. Après avoir longé le canal, nous nous dirigeâmes vers l'aiguille de Cléopâtre ; à notre gauche, nous avions Alexandrie et ses jardins splendides ; à droite le désert, le désert qui attriste l'œil et qui vous dit en gémissant : « Je suis la désolation, je suis la faim. »

22 octobre.

Après avoir envoyé nos bagages d'avance, nous arrivâmes à la gare vers huit heures du matin. On se ferait difficilement une idée du désordre qui règne dans les stations des chemins de fer égyptiens ; on se sent ahuri à force d'être bousculé. Ce fut bien pis encore lorsqu'il nous fallut prendre possession de nos places ; on ne savait où nous en donner, tous les wagons des premières classes étaient remplis de malles et de valises, que les conducteurs font placer moyennant un *baksish* que leur donnent les personnes qui voyagent sans billet par la protection de ces mêmes conducteurs. Enfin, on trouva un compartiment vide; on eut de la peine à l'ouvrir, la portière étant dans un très-mauvais état.

A huit heures précises, le train s'ébranla et partit avec une extrême rapidité. Les wagons sont spacieux, mais on y est terriblement secoué.

En sortant d'Alexandrie, le désert Lybique commence ; pendant près de deux heures et demie, on ne voit guère que de misérables villages, dont les huttes sont pétries avec un limon boueux, grisâtre, de la couleur du désert. A moitié de la route, on s'arrête à Kafer-el-Zaid, où l'on déjeune très-bien. La gare était envahie d'hommes et de femmes arabes qui vendaient des fruits.

Tout en admirant l'aspect pittoresque de ces hommes de couleur avec leurs beaux costumes, on se sent attristé à la pensée de l'esclavage qui pèse sur cette terre bénie, sur cette terre qui n'a donné de splendeurs qu'au pouvoir et jamais de liberté au peuple ! Les palais somptueux des pachas et les misérables cabanes des fellahs en sont la preuve la plus évidente ; dans ces cabanes, un homme peut à peine se tenir debout et ne peut s'étendre. Pas un arbre autour de ces habitations ! partout l'implacable désert !

Passé Tantah, le sol devient fertile ; on y voit de belles plantations de coton, de riz et de tabac ; les villages sont moins horribles et des jardins égayent la vue. A Tantah, le train reçut des voyageurs qui excitèrent ma curiosité. On transportait le harem d'un pacha quelconque. Deux eunuques monstrueux chassèrent d'abord les voyageurs qui se trouvaient dans le compartiment voisin du nôtre. Ils arrivèrent ensuite avec une douzaine de femmes dont la moitié était des servantes ou des nourrices. Les dames portaient des pantalons et de longues robes de couleur ; elles étaient enveloppées de la tête aux pieds de longs voiles en taffetas noir ; un autre voile en mousseline blanche leur couvrait en outre le visage et ne laissait que les yeux à découvert. Les esclaves avaient la même coupe de vêtements, seulement en étoffe blanche. Le petit voile était attaché au grand par une plaque en or; à cette plaque, plusieurs femmes avaient suspendu de longs fils de sequins qui leur tombaient sur le nez. Tout cela est d'un aspect singulier, bizarre, et la curiosité est vivement excitée à la vue de ces femmes qu'aucun œil humain ne peut guère apercevoir.

Avant d'arriver au Caire, on voit les pyramides très-distinctement. Vers une heure, nous descendîmes à la gare; notre drogman, Mahomed-Omar, nous attendait avec l'omnibus pour nous conduire à Shaephards-Hôtel, où notre appartement avait été arrêté. L'hôtel est situé sur la place d'Esbékié, qui a un très-beau jardin. Nous avons un salon qui fait le coin de l'hôtel; deux des fenêtres donnent sur le jardin, où s'étale un sycomore tout poudreux; une porte s'ouvre sur le balcon ayant vue sur la place de l'Esbékié; nos chambres à coucher sont assez vastes et donnent toutes sur le jardin de l'hôtel. Nous avons été obligés de renoncer à celles qui sont au soleil, à cause de la grande chaleur.

CHAPITRE II.

Le Caire, 24 octobre.

Le climat d'ici m'a extrêmement énervée; pendant les premiers trois jours, je suis restée couchée et je tombais sans cesse en défaillance. Depuis hier, je suis un peu mieux, mais mon mari souffre de vertiges et ne se sent pas très-bien.

La vie est d'une cherté affreuse, la nourriture mauvaise; tout a l'air d'avoir été pétri avec le sable du désert, tout a une teinte noirâtre et un goût amer.

J'ai vu plusieurs personnes auprès desquelles j'ai recueilli quelques renseignements sur la vie égyptienne. Sauf Alexandrie et le Caire, où le marché de la chair humaine est prohibé, l'article le plus apprécié aux foires de Tantah et ailleurs, c'est l'esclave circassienne. Un fellah, enrichi par la culture du coton, voulut se donner le luxe d'une femme blanche ; il paya dix-sept mille francs une jeune Circassienne. Un autre fellah, ayant aussi fait fortune de la même façon, commanda pour lui et pour sa femme des lits en argent. Un troisième entre dans un magasin européen, tenant à la main un échantillon d'étoffe brochée d'or, et demande au marchand s'il en a de pareille. « J'en ai, mais pas pour toi. — Et pourquoi cela? — Parce qu'elle est trop chère. » L'Arabe tire de sa ceinture une bourse remplie d'or et demande le prix de l'étoffe, que le marchand triple à la vue des guinées; le fellah paie d'avance les dix *pics* (mesure arabe) qu'il voulait avoir; il prend ensuite des ciseaux et coupe son étoffe en petits morceaux qu'il jette à la figure du vendeur, en lui disant : « A présent tu vas me couper dix autres *pics* pour la robe de ma femme, » et il paie encore une fois le prix exorbitant qu'on lui avait fait.

Le plus riche cultivateur de coton est Ismaël-Pacha, vice-roi d'Égypte; ses champs sont cultivés par des ouvriers que doit fournir chaque village ou tribu pour un temps déterminé. Les ouvriers sont amenés aux frais du gouvernement et reçoivent quelques pains par jour ; on leur délivre en outre des bons qu'ils ne peuvent vendre, qui n'ont pas de cours et que le gouvernement même, dit-on, ne paie pas très-régulièrement quand ils lui sont présentés. Ismaël-Pacha ne peut espérer que son fils lui succède à cause de la loi musulmane qui appelle au trône le plus ancien de la famille. Ismaël a un frère, Mustapha, qui doit régner après lui et il y a trois autres princes encore, avant que le tour de son fils arrive. Ismaël est donc forcément obligé de s'enrichir, afin de laisser un patrimoine à ses femmes et à ses enfants. Aussi le chemin de fer n'ose-t-il exporter aucune marchandise, avant que le coton du vice-roi ne soit vendu.

Pour aller voir le jardin de Halim-Pacha, nous avons longé la grande allée de Schoubra; elle est plantée de sycomores et d'acacias gigantesques. La matinée était splendide. Notre drogman, Mahomed-Omar, s'était fait superbe ; il portait un burnous blanc très-fin sur son habit d'été en perse blanche à fleurs cerise, un châle turc lui servait de ceinture, la tête était gracieusement drapée d'une *couffié*, qui tombait d'un côté sur son épaule; il avait poussé l'élégance jusqu'à porter un mouchoir en batiste brodé d'or.

Nous visitâmes d'abord le palais d'été du vice-roi, situé aussi dans l'allée de Schoubra. Le corps de logis est allongé; les deux pavillons qui le composent sont réunis à l'étage supérieur par une galerie soutenue par des colonnes qui forment le péristyle et l'entrée. L'architecture du palais est orientale, mais l'arrangement intérieur est un mélange désagréable de mauvais goût européen et d'ornements orientaux; on voit des lits en argent massif avec de légers rideaux de gaze de soie tissée d'or, tandis que les parois de la chambre sont couvertes d'un affreux papier peint.

Le palais est entouré d'un beau parterre de fleurs formant quatre carrés, tout autour desquels s'élève une légère galerie où l'on peut se promener constamment à l'ombre. Quand nous quittâmes le palais, on nous offrit des bouquets faits à l'européenne.

Nous ne pûmes visiter le palais de Halim-Pacha à cause de la présence du harem à Schoubra. Le jardin est superbe ; il est coupé par de magnifiques allées d'orangers, de sycomores, de poivriers et de beaux arbustes des Indes avec des fleurs écarlates en forme d'étoiles.

L'air était d'une pureté extrême et délicieusement parfumé. Omar nous conduisit jusqu'à un pavillon bâti dans le style oriental : il est carré et entouré d'une galerie à petites colonnettes, qui enclave un vaste espace formant le bassin d'une fontaine qu'on voit au milieu. A chaque angle de la galerie, il y a des appartements, dont les pièces sont très-belles, celles surtout qui sont dans le goût oriental ; on voit dans une des chambres le portrait de Méhémet-Ali qui a fait bâtir ce pavillon. De son temps, les dames du harem se livraient à des combats navals dans le bassin ; chacune d'elles dirigeait elle-même sa barque ; en fait de spectateurs, il n'y avait que le pacha seul.

Quand ces captives veulent respirer l'air dans le

beau jardin de Schoubra, les eunuques chassent même les jardiniers et elles se promènent seules dans ces allées embaumées.

Tout en parcourant lentement le jardin, nous faisions jaser Omar, qui est un singulier mélange de civilisation et de barbarie; il parle le français et surtout l'italien. Les mœurs européennes ne le choquent pas et l'étonnent encore moins, parce qu'en général l'Arabe ne s'étonne de rien. Omar comprend très-bien la supériorité de la femme européenne, aussi nous témoigne-t-il un respect mêlé de vénération. Il nous a invitées à prendre le café chez sa femme, dont il veut nous montrer toutes les parures ; il n'ose pas toutefois étendre son invitation jusqu'à mon mari, dont la présence ferait fuir sa femme, qui, à son dire, n'a pas l'intelligence très-développée.

J'ai pu aller me promener au jardin de l'Esbékié, dont les chemins sont sales et poudreux et dont les arbres sont recouverts d'une épaisse couche de poussière. Dans ce jardin, il y a beaucoup de cafés dont l'arrangement est plus que primitif. Celui de Bella Venezia, qui est le meilleur, n'est qu'une détestable baraque, à la porte de laquelle on voit quelques malheureuses chanteuses européennes horriblement laides et vêtues d'une manière hideusement prétentieuse. Le soir, ces femmes jouent de différents instruments et chantent, pendant que, dans l'intérieur du café, les hommes se livrent au jeu de la roulette. Malheur au gagnant, car en sortant il est dépouillé et reçoit souvent un coup de stylet, s'il essaie de se défendre. Les indigènes n'ont de rapport avec les Européens que par les vices; ici s'écoule toute la fange des sociétés européennes, ce qui explique l'horreur de l'Arabe pour le chrétien.

26 octobre.

L'arrivée de la malle des Indes a lieu tous les huit jours au Caire; c'est un événement à notre hôtel, parce qu'il a un contrat avec la compagnie péninsulaire qui l'oblige à héberger tous les passagers anglais.

Hier, vers huit heures du soir, il se fit dans la

rue beaucoup plus de bruit que d'habitude ; nous allâmes au balcon pour voir ce qui se passait : l'air était tiède et doux, la nuit resplendissante d'étoiles ; de nombreuses voitures arrivaient au galop, plusieurs d'entre elles étaient précédées de *saïs* qui couraient en portant de grandes torches allumées ; les voitures se vidèrent successivement et une foule compacte remplit bientôt les larges corridors de l'hôtel. Des Anglais et des Anglaises avec des chapeaux de toutes formes, à longs voiles blancs, se pressaient aux portes qu'on leur ouvrait. Il y avait là des négresses, des Indiennes, portant des enfants, de belles miss en manteaux rouges, des jeunes gens avec des toilettes irréprochables, après une traversée de quarante jours par mer, des Arabes portant les bagages et réclamant le *baksish* ; cette foule bigarrée se bousculait, se heurtait et faisait un bruit affreux. Une demi-heure après que tout le monde se fut casé, on entendit le fameux signal du dîner, qu'un Arabe annonce en frappant de toutes ses forces sur une grosse plaque de cuivre qui fait l'effet d'une cloche fêlée. L'Arabe, qui aime le bruit, en fait le plus possible pour se faire entendre dans toutes les parties du vaste hôtel. Tous les voyageurs, qui ont déjà pris soin de rafraîchir leur toilette, descendent dans la salle à manger, où on leur sert un dîner particulièrement épicé, à l'usage des palais britanniques.

28 octobre.

C'est le Vieux-Caire que nous avons été visiter hier : on y arrive par de belles allées, qui bordent des jardins de palmiers et des plantations de cannes à sucre, séparées par des haies de cactus qui produisent les figues d'Inde. On passe devant plusieurs palais de pachas, entourés de magnifiques jardins ; ces palais sont presque tous bâtis sur les bords du Nil. Le vieux Caire est comme le faubourg de la ville, les rues en sont étroites et sales ; en y passant, on bouscule des hommes, des femmes, des ânes et des enfants. Nous avons rencontré deux noces et une fantasia arabe, composée d'un groupe d'hommes, réunis autour de quatre musiciens qui jouaient, je ne sais de quels instruments, dont ils tiraient des sons impossibles ; deux hommes dansaient en frappant, l'un contre l'autre, des bâtons qu'ils tenaient à la main. Je fis arrêter la voiture, mais le spectacle qui se présenta à mes yeux me dégoûta, tant les mouvements et les gestes des danseurs étaient hideux. Derrière ce groupe arrivait celui des femmes, qui portaient un baldaquin recouvert d'étoffe rose sous lequel la mariée marchait d'un pas lent; elle avait sur la tête une espèce de couronne en or, ayant la forme d'un panier renversé garni d'une masse de sequins ; un voile pourpre recouvrait la jeune fille de la tête aux pieds.

Nous n'eûmes pas le temps de visiter le jardin du Vieux-Caire, parce que le soleil allait se coucher et que la nuit tombe très-vite dans ces contrées. A notre retour, nous trouvâmes la route moins poudreuse, parce qu'on l'avait arrosée. Le mode d'arrosement est ici des plus primitifs : un Arabe arrive avec une outre en peau de bouc, il en débouche la jambe ou la queue et s'en va égoutter l'eau sur la route.

Le soleil se couchait d'une manière splendide; le ciel avait une teinte dorée des plus éclatantes sur laquelle les palmiers se dessinaient gracieusement; au loin s'élevaient les pyramides. Le ciel ici n'a pas les teintes azurées de l'Italie; pendant le jour et vers le soir, elles sont moins empourprées; il y a plus de calme dans cette splendeur et peut-être encore plus de beauté.

CHAPITRE III.

30 octobre.

Nous nous sommes rendues à l'invitation de Mahomed-Omar en allant prendre le café chez lui à deux heures de l'après-midi. Nous pénétrâmes d'abord sous une porte cochère, près de laquelle nous gravîmes un escalier à très-hautes marches. Un enfant noir d'une dizaine d'années se tenait au bas de l'escalier. Omar me dit avec uue certaine gravité que c'était un eunuque qu'il avait acheté. Parvenues au sommet de l'escalier, nous nous trouvâmes sur une petite terrasse sur laquelle s'ouvraient plusieurs portes, et entre autres celle d'une vaste chambre où se tenait la femme d'Omar. Elle nous fit bêtement le salut arabe et nous invita à entrer. La pièce où nous pénétrâmes était grande et très-proprement tenue; tout le long des murs, il y avait un divan recouvert d'une étoffe rouge.

A l'une des extrémités de ce divan était la place d'honneur, celle d'Omar bien entendu, ses femmes n'osant s'y asseoir. Nous nous établîmes sur le grand divan avec Zéliha (femme légitime d'Omar), mais elle se fatigua bientôt de la tenue européenne, et s'accroupit par terre sur le tapis, qui recouvrait les trois quarts de la chambre.

Bientôt d'autres femmes entrèrent parmi lesquelles étaient la mère et la sœur d'Omar; cette dernière avait une très-bonne figure et paraissait intelligente; quant à Zéliha, elle est complétement brute au dire de son mari; elle n'est ni jeune, ni belle. Omar nous a raconté qu'elle était d'une paresse phénoménale, qu'elle ne parlait jamais et passait sa vie accroupie sur les talons. Elle portait un large pantalon en taffetas vert clair et par-dessus un vêtement en mousseline blanche à fleurs cerise; ses cheveux partagés en trois nattes tombaient sur ses épaules, sa tête était recouverte d'un petit madras rouge; elle était très-décolletée et portait au cou un collier de perles auquel était suspendue une grande monnaie d'or aux armes d'Autriche.

Deux eunuques presque enfants vinrent servir le café : l'un portait une espèce d'encensoir en argent contenant du charbon sur lequel était placée la cafetière; l'autre, un plateau avec des *findjan* (tasses arabes) et des *zarfs* (espèce de coquetiers où l'on place les tasses), le tout recouvert d'une serviette en velours rouge brodé d'or.

Zéliha, dont Omar était déjà le quatrième mari, avait eu de l'un de ses prédécesseurs une fille appelée Habra, âgée de dix ans, mais déjà grande et sur le point d'être mariée. C'est elle qui versa et servit le café; son costume était de la même forme que celui de sa mère, les trois longues traînes de son par-dessus étaient relevées et retenues par une écharpe qui lui servait de ceinture; ses cheveux étaient ramassés dans une résille à l'européenne, un petit madras était posé sur le sommet de la tête. Le café des Arabes est exquis, et je fus étonnée de voir que Zéliha n'en prenait pas; j'en demandai la raison à Omar, il me répondit en riant qu'elle y avait renoncé depuis sa grossesse, dans l'espoir que l'enfant qu'elle portait dans son sein serait blanc. Elle chargea son mari de me dire qu'elle tenait beaucoup à avoir un enfant avec des cheveux dorés comme ceux de Marianne, dont le succès était immense auprès de ces dames.

Omar nous fit visiter toute sa maison ; il y avait, outre sa chambre d'honneur, une pièce très-vaste avec des fenêtres à grilles arabes (*moucharabiés*), d'une sculpture artistique ; le plafond était à poutres peintes ; il y avait par terre des nattes en paille pour les femmes qui habitaient cette chambre. Une jeune Nubienne, esclave d'Omar, était accroupie dans un coin et épluchait des légumes. Une grande propreté régnait partout. Le bain où nous pénétrâmes ensuite avait le même aspect ; le plancher et la fontaine étaient en marbre ; à côté du bain il y avait un petit salon de repos. Beaucoup de femmes arrivèrent encore pour nous voir, plusieurs d'entre elles étaient les esclaves d'Omar ; une jeune négresse nous frappa par sa beauté ; elle était admirablement bien faite, son vêtement était très-élégant et son sein complétement nu; une chemise en mousseline très-transparente était seule destinée à le couvrir.

Après avoir pris congé d'Omar, nous allâmes au Vieux-Caire visiter dans le quartier copte la grotte où la Vierge Marie s'est réfugiée avec l'Enfant Jésus. On nous fit remarquer une porte en bois de sycomore admirablement sculptée; selon la tradition, cette porte fermait l'entrée de la grotte au temps où la sainte Vierge l'a habitée. Il est avéré que le bois de sycomore, une fois travaillé, durcit et se conserve comme la pierre. A l'heure qu'il est, on voit une église bâtie au-dessus de la grotte, où l'on descend par un escalier. Le petit temple copte est d'une pauvreté extrême; toutefois l'iconostase, qui sépare le sanctuaire de la nef, est d'un travail exquis; il est en bois d'ébène finement sculpté de riches arabesques avec des incrustations de nacre et d'ivoire. La veille de notre visite, des Anglais, barbares comme eux seuls savent l'être, avaient cassé tout un carreau de cette belle sculpture, qu'ils ont volé, au grand désespoir du vieux moine, gardien de l'église. Quoique seul contre ces cinq

Anglais, ce pauvre homme fit du bruit et d'énergiques protestations ; ces messieurs lui offrirent des guinées qu'il repoussa, ce qui ne les empêcha pas d'emporter leur butin.

En repassant dans les rues étroites du quartier copte, nous aperçûmes une jeune fille d'une rare beauté ; elle se voila le visage à la vue d'Omar ; je m'approchai d'elle et voulus lui soulever le voile, elle recula en faisant un signe de croix et me dit : *Christiana;* je répétai la même parole et le même geste, alors elle laissa tomber son voile et je pus la contempler pendant quelques moments, véritablement émerveillée de sa beauté. Malheureusement, je ne pus lui parler, Omar ne pouvant nous servir d'interprète.

Nous rentrâmes au Caire en passant devant une très-belle mosquée qui sert de lieu de sépulture à Fatima, la fille du prophète ; à notre regret, nous n'étions pas munis d'un firman pour la visiter.

Il m'est arrivé un singulier malentendu avec quelques personnes qui étaient venues nous voir. Le comte Sala, M. de Lesseps et Habib-Bey ne nous ayant pas trouvés chez nous, avaient inscrit leurs noms sur une feuille de papier qu'on nous présenta à notre retour. Je ne connaissais pas Habib-Bey, aide de camp du prince Halim. M. de Sala me l'avait amené pour me le présenter. Nous prîmes tout naturellement Habib pour Halil-Bey, ambassadeur turc auprès de notre cour. Comme nous le connaissons intimement, je fus très-impatiente de le revoir et je me décidai à aller demander son adresse au palais de son frère Ali-Pacha. J'avais l'intention de me faire annoncer chez Halil-Bey et de me faire recevoir par lui. Arrivée dans la résidence d'Ali-Pacha, nous entrâmes d'abord dans une vaste cour où des ânes, des mulets et des chèvres se promenaient en liberté.

On pénètre au palais par un large perron sur lequel nous aperçûmes deux hommes vêtus à l'européenne et portant des *tarbouches*. J'ordonnai à Omar de s'informer si Halil-Bey était chez lui et s'il voulait nous recevoir; Omar revint en disant qu'il y était et qu'il nous priait d'entrer. « Mais, lui dis-je, il ne me suffit pas que vous ayez parlé à ces hommes, dites-leur d'aller m'annoncer à Halil-Bey. » Les hommes du perron ne bougèrent pas et

Omar vint demander ma carte, que je lui donnai et dont un de ces hommes s'empara sans faire mine toutefois de vouloir se déranger. Omar revint en me disant qu'on me priait de monter. Je pris le parti d'interpeller moi-même l'individu qui avait pris ma carte, et lui dis que je désirais savoir si Halil-Bey était chez lui. L'inconnu vint à la portière de ma calèche et me répondit que Halil n'y était pas. « Alors, il y a erreur, dis-je à Omar; il est probable que l'ambassadeur n'habite pas ici, c'est chez son frère Ali-Pacha qu'il fallait aller pour avoir des renseignements. — Mais c'est moi qui suis Ali-Pacha, » dit l'inconnu, en essayant d'ouvrir la portière. Je me confondis en excuses de l'avoir dérangé, et après m'être bien assurée que Halil était retourné à Pétersbourg, je donnai ordre au cocher de partir; mais le pacha ne se dessaisissait pas de la portière et paraissait fort désappointé de ce que nous ne voulions pas monter chez lui. Il se disait très-heureux d'avoir fait notre connaissance, se mit entièrement à notre disposition et me chargea d'engager mon mari à venir visiter ses écuries. Ali-Pacha possède les plus beaux chevaux de l'Égypte.

4 novembre.

Hier, une cargaison d'Anglais a envahi l'hôtel; c'était, comme on dit ici, l'arrivée de la meute et non de la malle des Indes. Il faut avouer qu'ils sont plus ridicules les uns que les autres, et leur dîner dans les salles enfumées de l'hôtel a l'air d'une véritable curée.

Le soir, tandis que nous étions au salon, nous entendîmes tout à coup de la musique sur la terrasse; nous nous précipitâmes à la fenêtre, dont nous ouvrîmes les persiennes qu'on est obligé de tenir fermées à cause de la quantité de chauves-souris. La nuit était dans toute sa beauté tropicale. L'instrument dont on jouait était une harpe qui accompagnait une voix italienne chantant une canzonetta napolitaine. Nous fûmes joyeux comme des enfants; un son harmonieux ici, c'est quelque chose qui transporte dans les pays où l'on vit et où l'on pense.

Nous avons, en ce moment, le clair de lune, et il

faut avouer que les nuits sont d'une splendeur incomparable; le ciel devient presque bleu, tant la lune l'éclaire. L'éclat des étoiles, celui de Sirius surtout, a quelque chose de magique. Cette lumière donne une beauté toute nouvelle à la végétation, dont elle dissimule heureusement les couches de poussière qui couvrent les feuilles. Il est à regretter qu'on ne puisse faire de promenades le soir; il est assez difficile de se procurer un véhicule quelconque à un moment donné, et puis les rues paraissent impraticables à la tombée de la nuit; elles ne sont pas éclairées et les piétons sont obligés de se munir de lanternes.

CHAPITRE IV.

7 novembre.

L'hôtel que nous habitons était autrefois un collége où l'on enseignait le français et l'arabe ; il a été supprimé par Abas-Pacha. A l'heure qu'il est, l'édifice n'a pas changé d'aspect; c'est un grand bâtiment carré, à larges corridors, sur lesquels s'ouvrent toutes les portes des chambres. Les pièces sont vastes et passablement meublées, mais tout porte le cachet de la négligence et du manque de soin particuliers à l'Orient. L'hôtel est desservi par quelques domestiques européens; le gros du service est confié à des Arabes, qui mettent de la bonne volonté à leur besogne, mais qui la font à demi et encore avec une certaine prétention. Nous avons deux hommes de couleur attachés au service de nos appartements, l'un d'eux appelé Farag et surnommé Mafish par nos femmes de chambre, parce que, à tout ce qu'on dit, il répond : *mafish* (rien du tout ou cela n'y est pas), expression fort usitée chez les Arabes. Quand on l'appelle, Mafish accourt en riant, et si son compagnon Mohamed, court et trapu, a le malheur de vouloir le remplacer, il le rosse impitoyablement.

9 novembre.

L'Abazia est un vaste domaine, qui a appartenu à Abas-Pacha ; il se compose d'un grand palais bâti dans le style oriental et de très-vastes dépendances. Le palais est devenu une école militaire ; quant aux dépendances, on en a fait des casernes. L'Abazia est situé dans le désert, sur la route de Suez, où l'on allait jadis par une très-belle chaussée faite par les Anglais.

Nous avons poussé au loin dans le désert. A droite, nous avions les collines du Mocatame, où les voyageurs montent d'habitude pour admirer le coucher du soleil derrière les Pyramides qui s'élèvent en face, de l'autre côté du Nil. A notre gauche, on voyait l'Abazia, autour duquel il y avait une certaine animation, à cause des troupes qu'on y exerçait.

15 novembre.

Les mariages sont très-fréquents au Caire; il n'y a pas de jour où nous ne voyions passer quelque noce sous nos fenêtres. Hier, il y en avait une qui paraissait fort riche. Le cortége s'ouvrait par une troupe de musiciens jouant sur des instruments impossibles; on entend toujours le même air, qui est d'une sauvagerie et d'une dissonance incroyables. Après les musiciens venaient plusieurs chameaux richement caparaçonnés et portant le trousseau; une masse de voitures remplies de femmes arrivaient ensuite; beaucoup de femmes, en outre, marchaient à pied; elles avaient des châles rouges qui les recouvraient, au lieu de leurs *habbarras*, noirs qu'elles portent habituellement. La première voiture, où se trouvait la mariée, avait sur l'impériale un châle rouge étendu dans toute sa grandeur.

Le cortége du marié, qu'on conduisait chez lui au sortir du bain, se composait aussi de musiciens et d'hommes portant de grands bouquets de fleurs au milieu desquels il y avait de petits cierges.

Selon l'habitude du pays, toute cette foule faisait un tapage épouvantable à son passage.

23 novembre.

Ma sœur et moi, accompagnées de Marianne et d'une autre jeune fille, nous étions allées faire une promenade pour voir les tombeaux des Califes. Ce projet, subitement mis à exécution, ne nous avait pas permis d'envoyer chercher notre drogman. Nous nous aventurâmes par conséquent avec un cocher arabe qui parlait un peu l'italien. Ce cocher, s'étant trompé de route, nous fit errer dans le désert, et ce ne fut que longtemps après que nous parvînmes à arriver aux tombeaux. Nous visitâmes deux mosquées dont l'architecture extérieure vue à distance est d'un effet surprenant; l'intérieur possède des incrustations charmantes. Les plafonds à poutres dorées sont peints en arabesques d'une finesse extrême ; malheureusement, aucune de ces mosquées ne se trouve dans un état de conservation convenable, tout est à moitié en ruine.

En sortant des mosquées, j'ordonnai au cocher de prendre la route du Caire; il se trompa encore une fois et nous ramena au désert. Tout à coup la calèche s'arrêta et nous vîmes le cocher descendre avec une grande précipitation; il courut vers un groupe d'hommes dont trois ou quatre retenaient un Arabe qui faisait des efforts surhumains pour leur échapper. Au moment où notre cocher s'était jeté dans la mêlée, un des bandits allait plonger son couteau dans le cou du malheureux Arabe. Des cris affreux s'élevèrent et une lutte acharnée s'engagea. Enfin, notre cocher parvint à arracher l'infortuné aux étreintes de ses assassins. La physionomie de celui qui tenait le couteau levé était tellement horrible, que son souvenir m'a persécutée pendant toute la journée. Son teint brun foncé était devenu d'une pâleur verdâtre, ses yeux sortaient de leurs orbites, sa bouche entr'ouverte était remplie d'écume. L'homme que l'on voulait assassiner pour l'empêcher de dénoncer ceux qui l'avaient volé, était presque sans haleine à force d'avoir lutté. Après l'avoir délivré, nous nous remîmes en route; nous n'avions pas fait cent pas, que les cris recommencèrent. Nous vîmes le malheureux Arabe sur le point d'être assassiné. Je dis au cocher de courir à son secours, ce qu'il fit avec un courage et une célérité remarquables. L'infortuné fut délivré encore une fois, mais il était à prévoir que, dès que nous serions partis, il périrait infailliblement; je lui fis signe de la main de venir à nous, ce qui causa une grande rumeur parmi les assassins, à la merci desquels nous étions entièrement livrés, parce qu'il leur était arrivé du renfort. J'expliquai à l'Arabe qu'il devait monter sur le siége de la calèche; il s'y précipita en poussant un soupir de délivrance qui nous fit toutes pleurer. J'ordonnai au cocher de partir à toute bride et je fus loin d'être désobéie.

Les bandits, étonnés de mon audace, n'osèrent pas se jeter sur nous dans le premier moment; plus tard, la chose devenait difficile, parce que nous avions gagné trop de terrain. Arrivés à la porte de la ville, nous déposâmes l'infortuné Arabe au poste; le cocher fit sa déclaration à l'officier de garde, qui s'adressa à moi pour savoir s'il disait la vérité. J'essayai de m'expliquer par gestes et avec le peu de mots que je savais, en désignant d'ailleurs notre Arabe qui avait au cou une large blessure, heureusement peu profonde. L'officier me remercia et me répondit qu'il m'avait comprise. Quant à la victime, si heureusement échappée au danger, elle pleurait de joie et de bonheur; une fois au Caire, cet homme ne risquait plus rien; il connaissait ses assassins et les avait nommés.

27 novembre.

Hier, par une belle matinée, tandis qu'un soleil bienfaisant éclairait et réchauffait les solitudes du Caire, Mahomed-Omar était venu nous chercher pour nous mener au Nilomètre qui se trouve à l'île de Rouda dans le palais de Hassan-Pacha; pour y arriver, on descend au Vieux-Caire et l'on traverse le Nil en bateau. Le palais de Hassan-Pacha est entouré d'un beau jardin d'orangers dont les fruits étaient presque mûrs; des haies de roses en fleur bordaient les sentiers du jardin. Le Nilomètre est une vaste citerne qui se trouve sous la terrasse du palais; elle est en marbre blanc et l'on peut y descendre par un escalier. La grande terrasse, qui entoure le palais, a vue du côté gauche sur le Vieux-Caire, où l'on aperçoit de beaux palais avec des jardins de palmiers qui descendent vers le fleuve. Le côté du midi donne sur le cours du Nil, qui, par une sinuosité qu'il décrit, laisse voir à droite des forêts, derrière lesquelles s'élèvent les Pyramides de Zahara, à l'occident, le village de Giseh, auprès duquel se trouvent les grandes Pyramides et le Sphinx. Nous ne pouvions nous lasser du spectacle que nous avions devant les yeux. Une *dahabié*, sous pavillon français, voguait sur le Nil, dans la direction de la haute Égypte. Nous éprouvions d'amers regrets de ne pouvoir faire une excursion sur ce fleuve aux ondes rougeâtres. Un moment, nous eûmes l'idée de louer le palais d'Hassan-Pacha ; le prix de location n'en était pas élevé, mais dans toutes ces pièces de proportions gigantesques, il n'y avait pas de meubles, et l'embarras de se monter un ménage nous fit bientôt renoncer à un projet qui nous avait tant souri.

En quittant le jardin de Hassan-Pacha, on arrive à une grande maison, dont la porte d'entrée était masquée par une portière à couleurs très-éclatantes. « Qu'est-ce que cela, demandai-je à Omar? — Un harem; voulez-vous le visiter? — Je le crois bien. » Omar aborda alors un eunuque qui travaillait dans le jardin, et, après lui avoir parlé quelques instants, il me dit de le suivre. L'eunuque souleva la portière et nous introduisit dans une petite cour carrée et sombre, où l'on apercevait un escalier conduisant à l'étage supérieur. Notre guide, après avoir monté quelques marches, nous abandonna, en nous confiant à une troupe d'enfants qui étaient venus à notre rencontre. Ceux-ci étaient vêtus avec beaucoup de recherche. Ils nous firent signe de les suivre ; nous pénétrâmes d'abord dans une vaste pièce, où se trouvaient plusieurs jeunes femmes de couleur : nubiennes, abyssiniennes et soudanes; quelques-unes d'entre elles étaient mollement étendues sur le tapis; deux ou trois négresses accroupies par terre étaient occupées à ranger du linge. Nous fîmes le salut d'usage, qu'elles nous rendirent en souriant, et loin d'avoir l'air étonné ou fâché de nous voir. Bientôt, sur le seuil de la porte parut une jeune femme blanche, d'une mise plus élégante que les autres. Elle nous accueillit avec le sourire sur les lèvres et nous engagea, par gestes, à la suivre. Nous traversâmes plusieurs pièces à fenêtres grillées; ces chambres étaient meublées à l'orientale ; de grands et larges divans entouraient les murs; on apercevait toutefois des meubles européens, recouverts de riches étoffes, mais ces meubles paraissaient ne pas servir. On voyait aussi des glaces à cadres dorés, des consoles, des pendules et de beaux tapis persans. Avant de pénétrer dans le divan d'honneur, nous aperçûmes dans la pièce à côté deux femmes accroupies sur le tapis ; elles n'étaient pas très-jeunes : l'une d'elles paraissait être la maîtresse et l'autre une esclave. Elles causaient entre elles et l'ennui semblait empreint sur leurs visages. Nous pensâmes que l'une de ces dames avait été la première femme légitime, mise actuellement à la retraite pour cause de vieillesse. Elles nous saluèrent avec bonhomie et nous regardèrent avec une grande curiosité. Notre jeune hôtesse, qui paraissait ravie de notre présence, nous installa dans le salon d'honneur. Cette jeune femme était assez jolie ; elle avait de beaux yeux noirs, les traits fins, mais le visage un peu plat. Ses cheveux noirs, partagés sur le front, étaient coupés jusqu'à la naissance de l'oreille, et tombaient lisses et brillants autour de sa tête, coiffée d'une petite calotte rouge à aigrette blanche. Sa taille était mince et très-élancée ; ses mains et ses ongles étaient peints en rouge. Une conversation par gestes s'engagea entre nous, elle me toucha l'épaule du bout de son doigt et me demanda : « Anglaise ? » Je lui fis un signe et répondis : « Russe. » Puis je répétai le même signe qu'elle, en disant : « Turque ? » Elle hocha la tête en répondant : « Tcherkess. » Plusieurs enfants étaient venus s'accroupir autour de nous ; je lui demandai, par le même mode de conversation, si ces enfants étaient à elle. J'appris qu'elle en avait deux, mais qu'ils étaient absents. Elle voulut à toute force me montrer son fils Ali-Mohamed, et l'appela à plusieurs reprises, mais Ali ne parut pas. Elle était si joyeuse de notre visite, qu'elle ne voulait pas nous laisser partir et n'y consentit qu'après nous avoir fait parcourir tout le harem. Lorsque je fis mon remercîment en arabe : *Kattar herrak,* et mon bonjour : *Sabbah-el-heir*, aux deux femmes devant lesquelles nous passâmes, elles en furent tellement ravies qu'elles poussèrent des cris de joie. La jeune hôtesse nous conduisit dans sa chambre, qui était beaucoup plus richement meublée que toutes les autres. Son lit, fort élégant, avait des rideaux en gaze rose, retenus par des guirlandes de fleurs artificielles; les coussins avaient aussi des housses en gaze, et la grande glace, qui se trouvait en face du lit, en était également drapée. Il y avait, comme ailleurs, un vaste divan le long du mur; le plancher était couvert d'un soyeux tapis; de riches consoles supportaient des candélabres et des pendules. Nous parûmes enchantées de tout ce qu'elle nous montra, surtout des parures qui étaient étalées sur son lit; ma sœur, ayant pris une jolie coiffure en gaze dorée, la plaça sur la tête de la jeune Circassienne, qu'elle conduisit vers la glace pour lui faire voir à quel point elle lui seyait bien. Notre hôtesse fut on ne peut plus sensible à ce procédé délicat, et ne put réprimer sa joie. Quand nous prîmes congé d'elle, elle nous reconduisit jusque dans la cour et nous salua jusqu'à terre. Un moment après, nous avions franchi la porte du harem, pour aller retrouver mon mari et Omar, qui nous attendaient pour nous ramener au Caire.

CHAPITRE V.

17 décembre.

Nous avons été faire une excursion dans le désert pour visiter la forêt pétrifiée. A midi, une calèche attelée de quatre chevaux à longues guides nous emmena dans les plaines sablonneuses qui s'étendent le long du Mocatam. Le *saïs* qui nous précédait ne cessait d'encourager nos coursiers à force de coups de courbache; les chevaux, peu dociles et peu habitués à la manière dont on les avait attelés, s'arrêtaient sans cesse. Une fois au désert, le propriétaire de la voiture vint nous rejoindre et prodiguer les mêmes encouragements à ses pauvres chevaux. Enfin, au bout de deux heures, nous atteignîmes les collines des pétrifications. La légende traditionnelle raconte qu'avant le déluge de belles forêts s'élevaient sur ces collines ; depuis lors les arbres, déracinés petit à petit, se sont pétrifiés. Nous recueillîmes plusieurs morceaux de ces pétrifications, que l'on peut parfaitement classer d'après les espèces ; ainsi l'on reconnaît très-facilement le palmier, le sycomore, etc.

Après notre excursion dans les collines, nous nous établîmes pour déjeuner au milieu des vastes solitudes qui nous entouraient. Le temps était ravissant, l'air du désert vif ; autrement, le soleil nous eût littéralement grillés. Il fallut s'asseoir à l'arabe sur le sable. Omar disposa le déjeuner que nous avions apporté avec nous ; il me fabriqua en outre un petit poêle avec les pétrifications pour réchauffer nos plats et faire le café. Après que nous eûmes déjeuné, les Arabes se mirent à consommer les restes de notre collation et de notre vin, qu'ils burent de grand cœur, malgré toutes les protestations d'Omar, qui jurait que c'était un sacrilége et qu'ils le commettaient uniquement pour boire à ma santé.

Nous avions des groupes très-pittoresques devant nous : d'abord celui des Arabes, qui, au nombre de quatre, étaient établis sur une colline, savoir : le petit bourriquier, véritable type d'Ismaël, notre *saïs*, très-beau garçon, le patron de la voiture, qui avait un costume extrêmement recherché, enfin Omar, qui, selon son habitude, était vêtu et drapé avec un art et un goût merveilleux. Non loin d'eux était assise ma petite Marianne, avec sa jaquette rouge et son chapeau à voile flottant. L'âne blanc (connu de tout l'hôtel sous le nom de Rigolboche), que le docteur montait, était, en ce moment, familièrement étendu à ses pieds et mangeait le pain qu'elle lui donnait en faisant entendre son rire frais et argentin. Au loin, on apercevait une caravane de Bédouins perchés sur leurs chameaux; tout autour, l'immensité du désert; à nos pieds, les débris d'une forêt antédiluvienne! C'était grandiose à force de calme et de solitude...

19 décembre.

M. M*** est venu me proposer hier de faire une visite à la princesse Zenab-Haneh, fille de Méhémet-Ali et mariée à Kiamil-Pacha. La princesse était venue passer l'hiver au Caire et habitait son magnifique harem situé sur l'Esbékié, tout à côté de notre hôtel.

Une troupe d'eunuques, laids comme des démons et noirs comme de l'ébène, gardait l'entrée du palais. Ils se levèrent à notre approche, nous saluèrent très-poliment, et le chef nous pria de le suivre. Il nous conduisit dans le jardin, où une esclave blanche fut chargée de nous servir de guide pour nous mener au harem.

Après avoir traversé de magnifiques vérandas couvertes de vignes et pavées de marbre, nous atteignîmes une des terrasses du palais, à travers laquelle nous entrâmes dans une chambre d'une grande dimension ; elle était tendue de brocart bleu de ciel, ornée de magnifiques glaces et meublée moitié à l'européenne et moitié à l'orientale. La place d'honneur consistait, comme d'habitude, en un divan excessivement bas, occupé, au moment où nous entrâmes, par une vieille femme hideuse qui était accroupie sur ses talons. A une certaine distance se tenaient debout plusieurs esclaves blanches, brunes et noires. La vieille femme se leva à notre approche, nous fit le salut d'usage et nous fit donner des siéges. Mais quand il fallut s'expliquer, la position devint critique, car nous ne pouvions nous comprendre. Cette vieille était une espèce de dame d'honneur de Zenab-Haneh. Elle se leva bientôt et disparut, à notre grand désappointement; nous nous imaginâmes qu'elle était fâchée de nous avoir reçues. Bientôt après, elle reparut précédée d'une femme assez jeune et belle encore; elle marmotta quelque chose dans une langue inconnue et termina sa phrase par le mot : *effendina* (princesse), en désignant sa compagne; je compris que cette dernière était Zenab-haneh, et me levai aussitôt pour la saluer; elle en fit autant et vint s'accroupir ensuite sur le divan occupé précédemment par sa dame d'honneur.

Zenab-Haneh était vêtue d'un large pantalon en

étoffe gris-perle et d'une robe à trois queues, relevées et retenues par une ceinture étincelante de diamants. Elle était coiffée d'une petite calotte entourée d'une large natte formant une espèce de turban. Une petite pelisse en étoffe vert-céladon, doublée d'une fourrure blanche, était jetée sur ses épaules; une chemise en tulle recouvrait à peine son cou et sa poitrine. Des chaînes en or massif pendaient à sa ceinture pour retenir la montre. Elle nous fit servir des *tchiboucs*, que les esclaves présentèrent en mettant gracieusement le genou en terre. Nous avions l'air passablement ridicules, armées de ces longues pipes qu'aucune de nous ne savait fumer.

La conversation par gestes et mon vocabulaire étant épuisés, notre position devenait quasi intolérable, d'autant plus que je pouvais à peine maîtriser mon envie de rire. Heureusement, le ciel nous envoya un secours inespéré : des dames sortant d'un autre harem et dont l'une parlait anglais. Elle était jeune et très-belle, quoiqu'un peu forte; elle s'appelait Melek-Per et arrivait d'Alexandrie. Elle se prêta de très-bonne grâce à nous servir d'interprète et nous pûmes, grâce à elle, débiter les flatteries les plus absurdes à Zenab-Haneh, qui nous répétait, en se rengorgeant, que dans son palais à Stamboul tout était infiniment plus beau et que son harem était renommé pour son luxe et sa richesse. On servit du café à l'orientale, avec les tasses arabes recouvertes d'une serviette de velours brodé d'or et la cafetière placée sur des charbons dans une espèce d'encensoir. Les tasses et les *zarfs* étaient une vraie merveille et toutes d'un genre différent; la mienne, en émail vert, était à petits médaillons lilas, délicieusement peints et encadrés de diamants qui formaient de jolies arabesques sur toute la tasse; les *zarfs* étaient pavés de diamants et de rubis.

Après le café, on nous proposa de visiter le harem. En sortant du salon de la princesse, où se tenaient en permanence une vingtaine d'esclaves attendant un signe ou un ordre de leur maîtresse, nous pénétrâmes dans une pièce qui paraissait servir d'antichambre au salon, car c'était là que se trouvaient déposées les babouches des esclaves. Puis nous entrâmes dans une chambre très-vaste, dont les fenêtres donnaient dans une immense salle, au milieu de laquelle était une belle fontaine en marbre. De toutes les parties de cette salle s'ouvraient des portes sur des appartements magnifiquement meublés et éclairés par un demi-jour délicieux, les persiennes étant soigneusement fermées. La salle, en forme de croix, avait une de ses parties occupée par un élégant escalier à deux rampes, qui conduisait à l'étage supérieur, dont on voyait les galeries à fines colonnettes arabes. L'ensemble de cette pièce était d'un luxe splendide et d'un pittoresque admirable. Des groupes de femmes établis çà et là peuplaient le vaste palais. Beaucoup d'esclaves, occupées à servir les pipes et le café, erraient partout, montaient, descendaient l'escalier, et venaient s'abattre autour de nous pour nous bien regarder. Les dames, en grande partie, étaient paresseusement couchées sur les divans, fumant et bavardant entre elles.

Les musulmans ne peuvent avoir que quatre femmes légitimes ; les autres ne sont que des esclaves obligées de servir jusqu'à ce qu'elles aient un enfant. Alors, elles sont logées à part et servies à leur tour, sans toutefois pouvoir faire les honneurs de la maison. Tous les enfants sont légitimes et héritent également du père. Nous n'aperçûmes que deux femmes ayant des enfants dans le harem de Zenab-Haneb ; l'une, à l'étage supérieur, errait suivie d'un petit garçon habillé à l'européenne, tandis qu'elle-même était couverte de bijoux et portait un riche costume oriental. L'autre, assise près de la fontaine, nous montra avec orgueil sa jeune fille, dont la beauté était réellement surprenante. Aucune de ces dames n'osait entrer au salon. Zenab-Haneh, d'une naissance royale, n'admettait pas que son mari pût avoir une autre femme légitime. La chronique impitoyable va jusqu'à lui prêter des amants, car elle est maîtresse absolue dans son palais et les eunuques lui obéissent plus qu'à son mari, tout en verrouillant ses portes.

En revenant auprès de Zenab-Haneh, nous trouvâmes sa société augmentée des plus grandes dames du Caire. L'une d'elles était l'ex-vice-reine, femme de Saïd-Pacha ; elle avait l'air abattu et très-souffrant. Une dame qui était avec moi eut la maladresse de dire à Melek-Per qu'elle plaignait beaucoup la malade et qu'elle lui conseillait de se bien soigner. Melek-Per traduisit à regret cette phrase imprudente, et je fus extrêmement confuse en voyant tout à coup ces dames pleurer et sangloter à qui mieux mieux. Je m'approchai de madame Saïd-Pacha en la priant de me regarder, pour se bien convaincre que j'étais plus malade qu'elle ; elle en convint facilement, et je la consolai en lui déclarant que j'étais sûre d'être guérie et qu'elle ne devait nullement s'inquiéter de l'état de sa santé. Je recueillis des remercîments et des sourires de la part de toutes ces dames. En voyant enfin leur gaieté revenir, je me levai pour partir. J'eus un succès si merveilleux auprès de Zenab-Haneh, que, pour me témoigner sa satisfaction, elle renonça au salut arabe et voulut prendre congé de moi à la mode européenne. Elle se mit debout sur son divan en me faisant alternativement des révérences et des saluts et en nous suppliant de revenir chez elle. J'eus toutes les peines du monde à garder mon sérieux et m'esquivai dans le jardin, où les esclaves nous attendaient pour nous reconduire jusqu'à la porte d'entrée.

On dit les richesses de Zenab-Haneh fabuleuses. Ainsi, pendant ses voyages de Constantinople en Égypte, elle se fait suivre d'un bateau chargé uniquement de ses trésors.

25 décembre.

Une singulière cérémonie religieuse, appelée *dossa*, nous a attirés dans un village aux environs du Caire. En y arrivant, nous trouvâmes les rues encombrées de monde; Omar nous installa dans une boutique qu'il avait louée à une marchande d'oranges. Bientôt nous fûmes témoins d'un spectacle aussi étrange qu'absurde. Une foule compacte déboucha en chantant, en hurlant et en faisant des contorsions inimaginables. La rue fut bientôt remplie de ces fanatiques, qui s'étendirent la face contre terre, serrés les uns à côté des autres et formant ainsi un pavé humain. Un derviche, monté sur un cheval, conduit par une dizaine d'hommes, parut magnifiquement vêtu; il tenait les yeux baissés et récitait des versets du Coran.

Hommes et cheval, en arrivant au pont humain, se mirent à marcher; les dévots, après avoir été foulés par les pieds du quadrupède et des bipèdes, se levaient en disant qu'ils n'avaient ressenti aucun mal. Ils se préparent pour cette cérémonie par le jeûne et par la prière et croient avoir fait leur salut en se laissant enfoncer quelques côtes. Omar nous avoua avec satisfaction qu'il avait fait trois fois le pont du derviche.

CHAPITRE VI.

26 décembre.

Quiconque a voyagé en Égypte n'a pas manqué de s'enquérir des almées. Or, les almées, ces nymphes du désert, qu'on est si curieux de voir, ont la défense expresse de danser au Caire pour le public. Elles ne chantent et ne dansent que dans les harems; il n'y a pas de mariage possible sans elles. C'est la principale almée qui figure à la noce du vice-roi comme à celle d'un simple bourgeois; chacun la paye selon ses moyens; ainsi, la fameuse Zachné-Bey, qui reçoit 30,000 fr. au mariage du vice-roi, s'en va figurer avec la même bonhomie à celui d'un individu très-subalterne qui lui offre 100 fr.

Nous avions extrêmement envie de voir danser ces femmes; or, la difficulté consistait surtout dans la possibilité de trouver un local pour les y faire venir. Aucun musulman ne l'eût souffert chez lui et la police ne l'eût pas permis dans les hôtels. Omar, à qui mon mari s'était adressé, promit de lever les difficultés en traitant avec des chrétiens pour la location d'un appartement. Quelques jours plus tard, il vint nous dire qu'une famille copte consentait à nous céder son salon d'honneur pour faire danser les almées. Le lendemain, Omar arriva vers les deux heures et nous mena mystérieusement dans le quartier copte. Après bien des détours, nous entrâmes dans une maison de très-bonne apparence. Une femme jeune et très-belle s'avança vers nous et nous proposa d'aller prendre possession du salon qui nous était réservé.

Cinq danseuses avaient été engagées, trois d'entre elles pour danser, les autres pour faire de la musique. La première des almées (nièce de Zachné) s'appelait Fatouma, la seconde Bamba (rose), la troisième Zélina. Fatouma était la plus remarquable; elle était belle, d'une beauté sauvage et sensuelle ; elle était grande, admirablement bien faite, souple et gracieuse à l'excès ; ses yeux étaient particulièrement beaux, le nez un peu gros, la bouche grande et garnie de dents superbes. Elle était vêtue d'un large pantalon en satin cerise broché d'or. Une ceinture de la même couleur retenait ce pantalon sur ses hanches. En fait de linge, elle n'avait qu'une chemise en tulle, très-transparente, par-dessus laquelle elle portait une petite jaquette en velours noir qui lui couvrait à peine les épaules et laissait toute la poitrine à découvert. Ses cheveux, noirs comme de l'ébène, tombaient sur ses épaules en une masse innombrable de nattes, dans lesquelles étaient tressés des sequins qui faisaient l'effet d'une pluie d'or. Selon la mode du pays, elle portait sur le sommet de la tête un tout petit voile en tulle noir qui ajoutait de l'originalité à ce costume passablement provoquant. Quand la danse commença, Zélina frappa du tambourin, tandis que Fatouma et Bamba se mirent à danser en tenant à leurs doigts des espèces de castagnettes en métal qui rendaient un son tout particulier; il y avait pourtant de la mélodie dans cette musique sauvage. La danse est presque indescriptible ; c'est tout un poëme de volupté, tant par les mouvements du corps que par l'expression des traits. C'est d'abord le frémissement du désir, puis la passion ardemment satisfaite, suivie d'une lassitude qui n'est pas exempte de charme; viennent ensuite les larmes et les regrets de la jeune fille qui se livre bientôt à toute la frénésie de l'amour. Fatouma était superbe d'expression; il est impossible de se faire une idée de toutes les poses qu'elle prenait en tressaillant tout à coup, comme si le cœur de celui qu'elle aimait reposait sur le sien; son regard se perdait et ses lèvres appelaient des baisers brûlants; son corps se penchait enivré de volupté. Sa compagne Bamba était aussi lascive et passionnée, mais bien moins souple et bien moins belle. Nous applaudîmes beaucoup Fatouma, à laquelle on servit une coupe de vin qu'elle porta à nos pieds avant d'y goûter. Malgré cette danse étrange, Fatouma avait quelque chose de chaste et de doux dans ses mouvements désordonnés.

Pendant ses moments de repos, elle venait

s'accroupir à mes pieds, me demandait de l'emmener avec moi et me disait, en me baisant les mains, que beaucoup de monde lui avait proposé d'aller en Europe, qu'elle avait toujours refusé de quitter son pays, mais que pour moi elle l'abandonnerait sur-le-champ. Les danses recommencèrent, suivies de libations, qui excitèrent Fatouma jusqu'au délire; elle jeta un cri perçant et se mit à exécuter la fameuse danse de la guêpe (*nah-el-ia-ou*), Bamba se joignit à elle en chantant sur le rhythme du bourdonnement de l'abeille. La danseuse, se croyant poursuivie par l'insecte, le fuit d'abord, mais le sentant toujours voltiger autour d'elle et se poser tantôt sur sa tête, tantôt sur ses épaules, elle jette son petit voile; la guêpe lui pique le sein, c'est la veste qui part et puis la chemise; l'insecte n'abandonne pas sa proie; la jeune fille dénoue sa ceinture et tout en chantant et en dansant, elle laisse tomber jusqu'à son dernier vêtement. Les piqûres de la guêpe continuent à l'incommoder et mettent le comble à sa frénésie. Il est difficile de trouver quelque chose de plus désordonné que cette danse; pourtant Fatouma a su conserver une espèce de pudeur, et, tout en étant lascive, elle est loin d'arriver à la dépravation des femmes qui dansent le cancan. Quand Fatouma eut remis ses vêtements, elle se précipita à mes genoux, couvrit mes mains de baisers, et me supplia de lui en donner un sur la joue, pour lui prouver que je ne la méprisais pas. Je m'exécutai de fort bonne grâce, en lui accordant cette preuve de ma soi-disant estime; elle témoigna une joie très-vive et m'embrassa de toutes ses forces. Bientôt après, nous nous en retournâmes chez nous avec autant de mystère que nous étions venus. Les précautions n'étaient pas inutiles, tant à cause de l'opinion des habitants de l'hôtel, que de la rigoureuse surveillance que la police exerce sur le métier des almées.

28 décembre.

J'étais à la recherche de mademoiselle T..., que j'avais connue en Europe et qui m'avait parlé de l'Orient avec un très-grand enthousiasme; je la savais en Égypte, mais il m'était impossible de la découvrir, d'autant plus qu'on n'était pas tout à fait sûr si elle était revenue de son voyage entrepris dans la haute Égypte pour découvrir les sources du Nil. Un jour que j'en parlais devant M. M..., il me dit qu'il connaissait le fameux voyageur, le baron H..., qui avait accompagné mademoiselle T... Le baron logeait dans le même hôtel que nous et j'appris qu'il attendait mademoiselle T..., qu'il n'avait précédée que de quelques jours.

Peu de temps après, M. H... se présenta chez moi pour me donner l'adresse de mademoiselle T... et m'intéressa vivement en me racontant plusieurs épisodes de leur voyage. Madame et mademoiselle T... avaient formé une très-grande caravane et étaient parties avec le baron H..., accompagnées d'un médecin, d'une domesticité nombreuse et d'une troupe de plus de deux cents soldats (*kawass*). Les voyageurs avaient plus de cent bêtes de somme pour porter leurs bagages et les marchandises qui devaient servir de paiement à leur passage. C'est de Hartoum qu'ils étaient partis, mais ils n'avaient pu franchir à temps les régions des pluies tropicales, et avaient été obligés de s'arrêter dans un endroit malsain et marécageux. où ils avaient bâti un camp retranché et des huttes de paille dans lesquelles les dames furent installées avec leur suite.

Le baron H... était parti seul, tant pour poursuivre son voyage que pour trouver une installation plus salubre. La fièvre décima bientôt la caravane des dames T...; le médecin y succomba le premier et après lui les domestiques européens. Madame T..., atteinte également de la fièvre, mourut dans les bras de sa fille, qui resta seule au monde, dans un pays sauvage, complétement inconnu et inexploré jusque-là. L'endroit où ils avaient établi leur camp retranché s'appelait Pongo. Mademoiselle T... dépêcha un courrier au baron H..., qui revint auprès d'elle et la trouva mourante; sa jeunesse et sa santé l'emportèrent enfin et elle revint à la vie. Ils passèrent six mois à Pongo et, après la saison des pluies, ils se décidèrent à retourner à Hartoum d'abord et au Caire ensuite. Leur retour fut très-pénible : plus de la moitié de leur caravane avait péri. Les bêtes de somme ayant aussi succombé, les deux voyageurs furent obligés de prendre par force des nègres pour porter leurs bagages amoindris des trois quarts; ils traversèrent souvent à pied des marais et des broussailles de ronces et revinrent au Caire après bien des tribulations.

J'allai voir mademoiselle T..., que je trouvai fort amaigrie et très-éprouvée par le malheur. Elle s'est installée au Vieux-Caire dans une maison arabe fort peu confortable; elle n'avait encore ni meubles, ni vêtements européens et portait l'habit arabe comme les fellahines; c'était une longue chemise flottante en taffetas gris, mise par-dessus un large pantalon noir; elle était coiffée d'un petit madras de coton noué sur le sommet de la tête; ses cheveux étaient partagés en deux nattes, qui tombaient sur sa nuque. Malgré ce costume pauvre et étrange, elle était très-belle; son teint blanc et délicat n'avait guère souffert du soleil brûlant de l'Afrique. Je passai sans m'en apercevoir plus de deux heures avec elle; elle a un attrait singulier malgré sa bizarrerie; sa conversation est charmante; ses connaissances sont variées, et l'originalité de ses goûts paraît toute naturelle. Elle vit seule, ayant dix-huit nègres à son service, elle tâche de les élever et de les former aux exigences des habitudes européennes. La plupart de ces sauvages sont des enfants qu'elle a rachetés de l'esclavage. Cinq petits garçons, âgés de sept à dix ans, noirs comme des démons, tournoyaient dans un vaste salon démeublé en faisant un bruit épouvantable. Il y avait en outre autant de chiens très-hargneux, qu'ils tâchaient de contenir afin qu'ils ne nous incommodassent pas; ils nous servirent du café arabe et riaient en nous regardant. Mademoiselle T... fait beaucoup parler d'elle, tout le monde s'en occupe et se montre avide de la voir, car on la sait jeune, belle et riche.

12 janvier 1865.

M. M... nous a fait visiter aujourd'hui une des plus curieuses maisons du Caire; Ismaël-Pacha y est né, elle lui appartient encore, et à l'heure qu'il est, elle est habitée par le délégué de Perse, qui a passé cinq années en Russie. Grâce à cette circonstance, il nous reçut à merveille et nous montra en détail tous ses appartements. Nous pénétrâmes d'abord dans une espèce de salle d'entrée servant d'antichambre au salon d'honneur, et ayant une issue dans la cour par une porte admirablement sculptée. Le salon est composé de trois compartiments : celui du milieu, un peu plus élevé que les deux autres, a de larges fenêtres et une fontaine dans la partie centrale. Le bassin de la fontaine est carré et fait en mosaïque; on y descend par trois marches. Le plafond est extrêmement curieux; il est divisé de même en trois compartiments, ayant chacun une coupole, celle du centre est la plus grande. Plafonds et coupoles sont finement sculptés et fouillés dans le style arabe le plus pur; la lumière, étant partout ménagée, donne un jour délicieux. Notre hôte nous conduisit ensuite à travers le vestibule dans une cour pavée de marbre où se trouve une très-belle fontaine. A côté est un portique à ogives et à colonnes arabes qui a dû servir autrefois d'entrée principale. Nous traversâmes la cour pour arriver à un escalier qui aboutit au premier étage; là, nous entrâmes dans le salon principal, qui est disposé à peu près comme celui du rez-de-chaussée. Le plancher du compartiment central est plus bas que celui des parties latérales et le pavé se compose d'une très-belle mosaïque. Le plafond a aussi des coupoles et des sculptures admirables. Tout autour des murs, on voit des panneaux en boiserie surmontés d'une corniche assez haute et composée de petites niches à colonnettes. Les fenêtres sont irrégulières ; celles du compartiment du milieu forment proéminence ; celles à droite ressortent aussi et prennent tout l'espace du compartiment ; un divan en occupe toute l'étendue. A gauche, la fenêtre ne commence qu'au-dessus de la boiserie. Au milieu, où le plancher s'abaisse, il y a, en guise de boiserie, un petit portique qui de prime abord fait l'effet d'une cheminée. C'était la première maison de style arabe pur que j'eusse encore vue. Il y a quelque chose de mystérieux dans la disposition des habitations, comme dans les mœurs de ce peuple à imagination fantastique. Les fenêtres sont particulièrement remarquables ; elles ont toutes des treillages finement sculptés, qui font un effet délicieux et qu'on appelle *moucharabiés*.

Le Persan fut d'une amabilité extrême à notre égard et nous fit promettre de revenir chez lui pour faire la connaissance de sa femme qui, ce jour-là, était allée au bain.

18 janvier.

Le temps est plus que beau, le ciel est d'une sérénité admirable et le soleil radieux; aussi, nos promenades quotidiennes ne risquent pas d'être interrompues. Aujourd'hui, il y a grand bal chez Shérif-Pacha, ministre de l'intérieur, pour fêter l'avénement au trône d'Ismaël-Pacha. Le ministère de l'intérieur est situé à l'entrée du Mouski (la rue principale). On a orné d'une manière très-singulière, pour lui donner un air de fête, le palais du ministre; une quantité de cordes ont été tendues d'une maison à l'autre et on y a suspendu une masse de lanternes de toutes dimensions et de toutes couleurs. Une espèce de vélarium s'étend au-dessus de cet éclairage et de l'entrée de l'hôtel. Tout cela en somme fait l'effet d'une foire de province.

Le baron H... s'est offert d'être notre cicerone pour visiter le musée de Boulacq, qui possède des choses curieuses, mais en nombre passablement restreint, en bijoux surtout. Il y a des statues d'une grande valeur : la plus remarquable est celle du roi Chouffou ou Sheffren, qui a fait bâtir la seconde grande pyramide : cette statue date de plus de quatre mille ans. Il y a encore une très-belle statue de reine, qui a été trouvée dans un tombeau avec quelques bijoux d'un travail très-fin et une petite arme en or ayant la forme d'une hache. Il y a tout un compartiment avec des ustensiles de ménage, des draperies, du linge admirablement bien conservé, des paniers à ouvrage, des chaises en jonc comme on en fait de nos jours et des palettes chargées de couleurs.

CHAPITRE VII.

29 janvier.

Grâce à M. M... dont la sœur est l'intime amie de madame Rahib-Pacha, femme du premier ministre, nous avons été invitées à la noce de la nièce de la maison. Le harem où nous devions nous rendre est situé de l'autre côté du Nil. A quatre heures après midi, madame N... vint nous prendre pour aller à Boulacq, où une *dehabié* de madame Rahib-Pacha nous attendait pour nous faire traverser le fleuve. Arrivées à la rive opposée, nous trouvâmes des montures qu'on nous avait envoyées du harem; mais nous préférâmes faire la route à pied. Marianne seule monta sur la bourrique et nous précéda. Au bout d'une demi-heure, nous étions arrivées à la porte principale gardée par une multitude d'esclaves, qui nous reçurent avec force salutations. Il fallut traverser une espèce de verger avant de parvenir au jardin qui entoure le harem. On avait dressé une tente dans le jardin et on y avait placé une musique militaire qui annonça notre arrivée en exécutant un morceau qui fut passablement joué. L'entrée était quasi européenne, sauf l'illumination qui était tout à fait dans le goût oriental. Une fois la tente dépassée, nous arrivâmes au mur qui clôt le jardin particulier du harem ; les hommes n'y pénètrent pas. Ce jardin est planté de mandariniers, et c'est à travers leurs charmilles parfumées qu'on arrive au perron du harem. Le mystère qui entoure les femmes en Orient a un prestige incontestable; aussi étions-nous enchantées de la chance qui nous permettait d'étudier de près ces mœurs étranges.

Madame Rahib-Pacha et son frère, père de la fiancée et propriétaire du harem, nous attendaient, établis sur la petite terrasse qui sert d'entrée. Ils nous reçurent avec une courtoisie extrême et la conversation fut très-animée, grâce à la gentillesse de madame N... qui nous servait d'interprète avec une amabilité charmante.

Ce qui frappe avant tout, c'est l'extérieur des femmes et c'est celui de madame Rahib-Pacha que je vais dépeindre. Cette femme a environ trente ans ; sans être précisément belle, ses traits n'étant pas fins, elle a une physionomie expressive, intelligente, le sourire charmant et l'organe excessivement doux. Selon la mode du pays, elle portait par-dessus son large pantalon un vêtement en satin blanc brodé d'or comme le pantalon. Ce vêtement, ouvert par devant, était d'une longueur pareille à celle de nos habits de cour ; il était fendu en trois traînes; celles des côtés étaient relevées et retenues par une ceinture en diamants ; elles se croisaient par devant, en formant des plis très-gracieux ; la traîne de derrière était également relevée et retenue par la ceinture.

Madame Rahib était coiffée d'une petite calotte blanche qui descendait très-bas sur le front et se relevait un peu au-dessus du sommet de la tête. Cette coiffure était richement ornée de diamants formant diadème, bouquets et peigne. Parmi toutes ces splendeurs, une touffe de jonquilles, pâles et parfumées, était attachée sur un des côtés de la coiffure, de dessous laquelle s'échappaient des cheveux noirs et épais, taillés par en bas et formant plus haut une grosse natte, posée sur le haut de la nuque. Beaucoup de femmes portaient le même genre de fleurs à leur coiffure.

Bientôt l'aimable madame Rahib-Pacha nous pria d'entrer dans le harem, où son frère ne pouvait la suivre. Les portes s'ouvrirent à deux battants, et une troupe d'almées se présentèrent devant nous en chantant et en jouant de leurs instruments composés de tambourins, de castagnettes en métal et de timbales. Ainsi précédées, nous pénétrâmes dans le salon d'honneur, où l'on nous établit sur le divan, en nous servant des pipes et du café. Beaucoup d'invitées étaient déjà arrivées et une masse d'esclaves de toutes couleurs remplissaient le harem, qu'elles animaient d'une manière très-pittoresque. La profusion des bijoux était étonnante; telle femme de pacha assez modestement parée arrivait avec cinq ou six esclaves qui portaient des joyaux de reine.

Les harems ont tous à peu près la même disposition : au milieu, une grande pièce en forme de croix avec des portes aux angles ; ces portes s'ouvrent sur une multitude d'appartements richement ornés. Je croyais rêver et mon rêve me faisait l'effet d'un conte de fée, auquel j'assistais charmée et éblouie. Une fois le café servi, on se transporta dans une autre pièce pour entendre chanter les almées, qui étaient au nombre de dix et formaient un chœur où l'absence des basses ne se faisait pas trop sentir. La principale almée était Zachné-Bey dont j'ai déjà parlé. Elle avait un costume ruisselant d'or ; sa tête et son corsage étaient littéralement couverts de diamants. Nous fûmes surprises de ce luxe, mais notre étonnement cessa lorsque madame Rahib-Pacha nous raconta que, dans les grandes maisons, on payait Zachné 8,000 francs par soirée, qu'en outre, la maîtresse de la maison et toutes les femmes de pachas invitées étaient tenues de lui donner, chacune, soit un châle, soit une étoffe tissée d'or. Zachné est une vraie fille du désert ; elle est grande et bien faite, elle a le teint bronzé, le menton tatoué de bleu, les yeux noirs, les cils peints, le regard fébrile; ses mouvements respirent une lassitude voluptueuse. Elle a une voix de contralto forte et vibrante, et son chant, d'une mélodie sauvage, rappelle celui des bohémiennes en Russie.

Pendant le chant il arriva beaucoup de monde. Une réception pareille à celle qu'on nous avait faite ne se renouvela qu'à l'arrivée des dames d'honneur envoyées par les vice-reines pour porter des cadeaux à la mariée. La dame qui venait de la part de la mère d'Ismaël était très-âgée; toutes les conviées se levèrent à son entrée, et quand elle fut établie sur le divan d'honneur, elles vinrent toutes lui baiser la main. Zachné et les esclaves en firent autant, et la différence que la vieille mettait dans sa manière de causer avec les dames et les esclaves n'était pas trop sensible. Les almées retournèrent s'accroupir sur leurs matelas et le chant recommença. Les convives continuaient à affluer; je m'amusais assez en entendant raconter beaucoup d'anecdotes très-drôles par quelques dames qui avaient lié promptement connaissance avec nous. Elles se moquaient impitoyablement des vieilles femmes, qu'elles disaient avoir été mises à la retraite, et dont les maris flattaient la vanité, en les laissant parer de jeunes et belles esclaves qu'ils achetaient soi-disant pour leur service. Au bout de très-peu de temps, nous avions déjà quelques amies, dont l'une, madame Zacharia-Bey, était charmante et d'une intelligence extraordinaire. Deux ou trois jeunes filles, qui n'étaient pas esclaves, mais qui vivaient chez madame Rahib-Pacha, tinrent à honneur de nous servir; l'une d'elles s'appelait Hadiha et l'autre Zéliha.

Vers six heures du soir, madame Rahib-Pacha nous invita à aller dîner. Dans une des pièces latérales, on avait dressé une table à l'européenne, c'est-à-dire d'une hauteur ordinaire et entourée de quatre chaises destinées à ma sœur, à madame N..., à moi et à Marianne. Tous les objets nécessaires pour le dîner étaient disposés sur un grand plateau placé sur la table. Il y avait au milieu une jatte avec le potage, qu'il fallut manger en commun, vu l'absence d'assiettes, car en fait de vaisselle il n'y avait que de petites soucoupes que nous devions essuyer nous-mêmes; une provision de mouchoirs de poche était préparée à cet effet sur le plateau. Avant de nous mettre à table, les esclaves nous présentèrent des aiguières en vermeil pour nous laver les mains; les serviettes brodées d'or avec lesquelles nous devions nous essuyer étaient également destinées à nous servir pendant le dîner. Après le potage on servit un plat de viande que nous dûmes couper nous-mêmes. Ce plat fut suivi de beaucoup d'autres de la plus pure cuisine arabe, qui laisse beaucoup à désirer ; il y avait des purées de poires avec de gros morceaux de beurre, du riz sucré au lait de chèvre et à l'eau de rose, une compote de cerises, très-liquide, que nous mangeâmes avec des cuillers d'écaille à manche d'ivoire. Madame Rahib-Pacha venait sans cesse nous demander si nous étions satisfaites du dîner préparé spécialement pour nous. Nous lui en fîmes un éloge pompeux, ce qui la mit parfaitement à l'aise. Notre dîner fini, nous allâmes assister à celui des dames musulmanes; elles étaient accroupies sur des matelas, par dix ou douze, autour de petites tables très-basses et mangeaient tout avec leurs doigts. Elles ne se servent habituellement que de la main droite, la gauche étant considérée comme impure et ne leur servant que pour se laver.

Après que tout le monde eut dîné, ce qui prit passablement de temps, les invitées se réunirent dans un salon pour assister à l'étalage des cadeaux destinés à la mariée et à sa suite.

Il se passa toutefois assez de temps avant que cette cérémonie commençât. Quelques groupes se formèrent sur les larges divans; on se mit à fumer et à jaser. Quatre à cinq femmes vinrent à moi, beaucoup d'autres se joignirent ensuite à elles. Elles nous pressèrent de questions sur la vie des femmes européennes. A mon tour, je leur demandai si elles étaient contentes de leur existence, et comment elles passaient leur temps.

Madame Zacharia-Bey se plaignit beaucoup de la jalousie de son mari; elle se disait très-fatiguée de l'esclavage dans lequel elle vivait. Une autre jeune femme me raconta que, lasse de mauvais traitements, elle avait divorcé l'année même de son mariage.

« Comptez-vous convoler en secondes noces? lui demandai-je.

— Allah m'en préserve ! Je préfère être plutôt au service de madame Rahib-Pacha, que de tomber encore une fois sur un mari brutal et jaloux. Voyez Aminah, elle n'a que quinze ans, elle a aussi quitté son mari.

— Vous ne vous plaisez donc pas dans toutes les splendeurs des harems ?

— Pas du tout ; nous serions bien plus heureuses si nous avions moins de diamants et si nous étions libres.

— Avez-vous donc bien envie de l'être ?

— Sans nul doute. La vie que nous menons est bien triste ; c'est à peine si on nous laisse sortir une fois tous les quinze jours pour aller voir nos parents ou nos amies. Et sous quelle surveillance encore !... Ce qui nous fait le plus souffrir, c'est la jalousie de nos maris ; aussi trouvent-ils toute espèce de prétextes pour nous verrouiller dans nos harems.

— Ne vous semble-t-il pas effrayant d'épouser un homme que vous n'avez jamais vu ?

— Je le crois bien, mais nous n'y pouvons rien, et si vous saviez par quelles choses affreuses on nous faisait passer il y a encore peu de temps.

— Qu'était-ce donc? » demandai-je à madame Zacharia-Bey.

Elle me donna alors, sur les mariages musulmans, des détails dont j'avais déjà entendu parler, mais qu'il m'est impossible de reproduire.

« Comment, lui dis-je, la nièce de madame Rahib-Pacha doit-elle aussi passer par cette torture?

— Je ne le pense pas, me répondit-elle, madame Rahib jouit d'une trop grande considération, pour qu'on doute de la manière dont sa nièce a été élevée; depuis quelque temps cette coutume barbare est loin d'être générale dans les grandes familles et ne se maintient que dans la bourgeoisie et parmi le peuple.

— Comment la fiancée sera-t-elle conduite chez son mari?

— Il ne tiendrait qu'à vous de le voir, madame Rahib vous a engagée tout à l'heure à passer la nuit au harem; pourquoi avez-vous refusé? On vous aurait fait un lit avec un bon matelas, bien mou, à l'endroit que vous auriez indiqué.

— J'ai refusé parce que je n'ai pas l'habitude de coucher par terre ; j'aurais craint de prendre froid, car vous voyez que je ne jouis pas d'une bonne santé.

— Nous autres, nous allons toutes rester ici et demain matin à cinq heures, à la turque (à onze heures, à l'européenne), nous conduirons la mariée auprès de son mari.

— Comment cela se passera-t-il ?

— Le mari sera avec ses amis dans la partie de la maison qui est séparée du harem où nous descendrons ; quand il voudra voir sa femme, il nous en fera prévenir ; nous nous retirerons, en laissant la mariée seule avec sa coiffeuse. Le marié donnera une poignée d'or à cette femme, qui disparaîtra aussitôt, et c'est alors qu'il arrachera le voile qui couvre sa femme. Nous nous en retournerons chez nous, je suppose, parce que Fatma (la mariée) ne subira pas, je l'espère, l'usage barbare dont je vous ai parlé, et qui l'aurait contrainte à revenir pour huit jours chez sa mère.

— Qui épouse-t-elle?

— Un jeune homme qui est, dit-on, très-bien ;

il est Grec par sa mère, qui se trouve précisément en face de vous.

— Est-il riche?

— Pas trop; c'est madame Rahib qui dote sa nièce et qui obtiendra sans doute une bonne place pour son neveu. »

Pendant que nous parlions ainsi, beaucoup de scènes changèrent devant nous. Les femmes âgées s'étaient mises, les unes à faire leur prière, d'autres leur sieste; les plus jeunes, nonchalamment étendues, fumaient leur tchibouk et bavardaient entre elles. Notre groupe était le plus nombreux et notre conversation très-animée; toutefois j'évitai de trop parler du bonheur de la liberté à ces pauvres recluses; il y avait en elles quelque chose de si doux et de si profondément mélancolique, qu'on ne pouvait s'empêcher de les plaindre. La pauvre Aminah surtout, avec ses grands yeux noirs et son extrême pâleur, écoutait attentivement ce que madame N... transmettait de ma part à ces dames. Toutes pourtant n'étaient pas aussi tristes qu'Aminah; deux ou trois jeunes femmes, plus heureuses sans doute en ménage, avaient l'enfantillage d'être satisfaites des belles parures qu'elles portaient.

On se réunit enfin dans le salon latéral, où les esclaves arrivèrent, en tenant chacune un paquet contenant des châles, des tissus d'or et de soie, enveloppés dans des serviettes de velours richement brodées. Elles se rangèrent dans le fond de la chambre pour faire place aux almées, qui entrèrent en chantant et en faisant de la musique. Plusieurs eunuques se placèrent derrière elles. La dame d'honneur de la mère du vice-roi se mit aussitôt, aidée de Zachné, à ouvrir les paquets et à étaler les châles et les tissus par terre, devant la place d'honneur préparée pour la mariée. On avait superposé plusieurs coussins les uns sur les autres, et on les avait recouverts d'un châle. La mariée, une fois assise, devait dominer tout le monde. A mesure qu'on étalait les présents, Zachné proclamait à haute voix le nom de celui qui les offrait. Ces proclamations étaient suivies de musique et de sifflements aigus, poussés par les autres almées. J'eus la patience de compter jusqu'à quarante le nombre des châles et des tissus d'or destinés à

Fatma et je renonçai ensuite à poursuivre cette énumération. On donna ensuite des cadeaux dans le même genre à ses esclaves, aux almées, et aux eunuques, auxquels on les suspendait au cou, de manière à leur ériger sur les épaules, avec toutes ces magnificences, une véritable montagne.

Une fois l'affaire des présents terminée, les esclaves et les almées se retirèrent; les premières rentrèrent bientôt, en tenant chacune un candélabre en cire parfumée, artistement ouvragé. Chaque candélabre était à douze bougies; les esclaves se placèrent sur deux rangs le long du passage qu'on avait ménagé pour la mariée, dont l'entrée fut annoncée par le chant et la musique des almées. Elles la précédaient à une certaine distance, de manière à l'isoler et à la mettre plus en évidence. A peine eut-elle franchi le seuil de la porte, que des masses de sequins d'or et d'argent vinrent joncher tout l'espace qu'elle avait à parcourir. La fiancée s'avançait à pas lents, soutenue par deux esclaves; elle était belle de cette beauté angélique qu'on ne possède qu'à seize ans; ses grands yeux, frangés de cils noirs et touffus, étaient baissés, ses traits étaient fins et réguliers, l'ovale du visage très-beau, et la lèvre supérieure, dépassant de quelques lignes la lèvre inférieure, lui donnait une petite moue de timidité et de candeur inexprimables. Fatma portait une robe pourpre tissée d'or; elle était coiffée d'un voile de gaze de la même couleur, également tissé d'or. Ce voile, formant une espèce de petit turban, orné de plumes et couvrant ses épaules, tombait jusqu'au bas de sa robe. Deux longues mèches très-touffues de *brillis* ou cheveux d'or, disposés au-dessus des tempes, arrivaient jusqu'à terre et semblaient des rayons qui partaient de son éclatante beauté. Toute la lumière provenant de la multitude de flambeaux qui éclairaient son passage semblait émaner d'elle. Je restai saisie d'admiration, je me croyais en proie à quelque vision magique. Pourtant c'était bien réel! Mais cette idéale jeune fille, brillamment parée, qu'allait-elle devenir? Hélas! le jouet d'un homme qu'elle n'avait jamais vu, auquel on allait la livrer pompeusement le lendemain, sans pitié pour sa jeunesse. Tout sera dit pour elle, une fois son voile arraché; la réclusion à perpétuité et l'abandon pour une autre femme, moins belle sans doute, voilà son sort...

On installa Fatma à la place d'honneur qui lui était préparée, et on se mit à orner sa coiffure d'une telle profusion de diamants, que sa jolie petite tête avait l'air de succomber sous le poids des bijoux; un magnifique diadème lui ceignit le front, toute la partie postérieure de sa coiffure et son corsage furent couverts de riches bouquets de pierreries. La toilette terminée, deux esclaves se mirent à éventer Fatma. Je me plaçai à une certaine distance devant elle, afin de mieux contempler l'ensemble du tableau. Fatma, par sa beauté, par la blancheur et la délicatesse de son teint, faisait pâlir les étincelants bijoux dont elle était parée. Elle semblait une fée, trônant parmi les mortels; elle était si aérienne qu'on pouvait craindre qu'un souffle ne la fît envoler. Bientôt elle s'envola effectivement, pour s'en retourner dans sa chambre et y passer sa dernière nuit de jeune fille.

Les invitées furent priées de se rendre dans le salon d'honneur pour y assister à la danse des almées. Nous nous installâmes à notre aise sur le divan moelleux pour jouir du spectacle qui allait avoir lieu. Les dames musulmanes, armées de cigarettes et de tchibouks, lançaient des nuées de fumée, pendant que Zachné et une autre danseuse (Koutchouk-Afed) extrêmement belle dansaient avec une volupté délirante. Leur mimique était loin de briller par la chasteté; je la trouvai même beaucoup plus accentuée que celle de Fatouma; la passion la plus effrénée respirait dans tous leurs mouvements. Il me serait difficile, sinon impossible, de les dépeindre, et je m'étonnai, je l'avoue, de l'indifférence avec laquelle les dames musulmanes assistaient à ce spectacle. Craignant qu'on n'exécutât encore la danse de la guêpe, je pris congé de madame Rahib-Pacha. Il était environ une heure du matin quand nous partîmes. Madame Rahib-Pacha nous reconduisit jusque dans son jardin en nous comblant de toutes sortes de politesses. Les eunuques nous escortèrent jusqu'à la porte de la prison. L'enceinte dépassée, les *cawas* munis de flambeaux nous accompagnèreut jusqu'au rivage où la *dahabié* de madame Rahib était amarrée.

Notre retour nous causa un moment de terreur ; un brouillard épais enveloppait l'atmosphère et les mariniers avaient peine à reconnaître la direction de Boulacq. Au bout d'une grande heure, on entendit enfin aboyer des chiens; bientôt après on vit quelques lumières briller çà et là. Nous étions sauvées, et, aidées de notre escorte, nous retrouvâmes bientôt notre voiture. Malgré l'avantage que nous avions d'être Européennes, nous dûmes subir le patronage d'un jeune eunuque de madame Rahib et d'une esclave noire, qui nous accompagnèrent à l'aller et au retour.

Quelques jours plus tard, nous allâmes faire une visite de politesse à madame Rahib-Pacha. Grâce à l'intelligence qui caractérise tous les cochers arabes, le nôtre nous conduisit au harem d'un pacha que nous ne connaissions pas. Le cocher, qui savait quelques mots d'italien, nous servit d'interprète auprès des eunuques, pour demander si madame N..., qui logeait chez madame Rahib, y était. On nous répondit que oui et qu'on nous priait de monter. Notre étonnement fut au comble lorsqu'en entrant, nous nous trouvâmes en face de femmes complétement inconnues; deux d'entre elles devaient être les épouses légitimes ; elles nous reçurent avec une joie mêlée de curiosité et nous conduisirent dans leur salon d'honneur, en nous faisant servir des pipes et du café. Nous nous esquivâmes au bout de quelques instants, car il nous était impossible de nous faire comprendre. La facilité avec laquelle on nous laissa entrer m'étonna fort; quant au bon accueil qu'on nous fit, je me l'explique par l'ennui qui dévore ces pauvres recluses.

J'ai eu des renseignements sur la mère de Fatma ; elle a raconté à madame N..., l'autre soir, qu'elle était Grecque de naissance, qu'elle avait été chrétienne et enlevée à l'âge de douze ans, en 1827, qu'on l'avait vendue et faite musulmane ; elle n'avait pas oublié sa langue maternelle et disait en pleurant :

« Je ne suis plus chrétienne et je ne suis pas musulmane, mais hélas ! je suis toujours esclave. »

Nous parvînmes enfin jusqu'à madame Rahib ; elle était dans son harem qui est situé dans la ville. Son palais est très-beau, et ce qui en constitue surtout le charme, ce sont des parterres de fleurs et des vérandas qui réunissent les appartements entre eux. A notre entrée, Zeliha et Hadiha coururent à nous avec des transports de joie. Madame Rahib nous reçut avec une grâce charmante; dans le cours de la conversation, il m'arriva de lui faire l'éloge de toute la magnificence qui l'entourait: « Mais, répondit-elle, à quoi me servent tout ce luxe et toute cette richesse? Comment puis-je en jouir? Je ne puis non-seulement échanger mes idées avec quelqu'un, mais il ne m'est pas même permis de parler à qui que ce soit à visage découvert. J'aimerais mieux être moins riche et vivre à l'européenne!

— Vous avez pourtant toutes les manières des femmes européennes; vous recevez comme elles, vous causez avec toutes vos invitées et vous les charmez par votre grâce et par votre amabilité.

— Quand je demeurais à Alexandrie, j'y voyais assez d'Européennes, j'ai tâché de les imiter; mais ici je n'en vois presque plus et j'oublie mes bonnes manières. »

Cette femme était d'une intelligence vraiment

étonnante ; elle sait écrire dans une langue et en parle cinq. Elle avouait que l'état avilissant dans lequel elle vivait lui était odieux, et qu'elle souffrait de ne pouvoir en sortir. On m'a dit que l'abrutissement de son existence l'emportait quelquefois sur sa bonne nature et faisait qu'elle se livrait à des caprices et à des colères contre ses esclaves.

CHAPITRE VIII.

31 janvier.

M. L... est venu nous prévenir que les femmes du vice-roi désiraient faire notre connaissance et qu'elles comptaient nous recevoir le lendemain à neuf heures du soir. Madame L... devait nous accompagner pour nous servir d'interprète.

La baronne S..., ma sœur, moi et Marianne, nous partîmes de chez nous à l'heure convenue pour nous rendre à Boulacq; près de Kasér-el-Nil une *dahabié* nous attendait pour nous conduire à l'île de Gisreh, où se trouve le harem d'Ismaïl-Pacha, dont le palais est contigu au harem; il va s'y réfugier souvent pour se débarrasser des importuns dont il est assiégé. Arrivées à l'autre côté du rivage, nous montâmes un escalier débouchant sur une petite place qui s'étend devant le palais. Quelques minutes après, nous nous présentions devant la première porte d'entrée, par laquelle on pénètre dans une grande cour entourée d'une haute muraille. Il fallut faire mine de s'arrêter et de saluer le premier ennuque, afin qu'il donnât aux sentinelles et à ses confrères l'ordre de nous laisser passer.

La cour qui est carrée était splendidement éclairée par une multitude de lanternes échelonnées le long du mur; un ciel tout étincelant d'étoiles lui servait de voûte. Le calme était complet. Deux sentinelles et deux ennuques gardaient la porte que nous avions encore à franchir; cette porte d'une féerique prison s'ouvrit et retomba lourdement derrière nous; j'entendis le grincement du verrou, ce qui me causa, je l'avoue, une sensation pénible. Le spectacle qui s'offrit à nos yeux était des plus beaux; nous nous trouvions dans un jardin carré, avec sa fontaine au milieu et ses sentiers pavés de marbre. Une cinquantaine d'esclaves magnifiquement vêtues nous attendaient en tenant de riches lanternes à la main. Les saluts d'usage échangés, nous les suivîmes pour aller au harem ; on y pénètre par un magnifique vestibule, d'où s'élance un léger escalier qui monte à l'étage supérieur. A mesure que nous montions, nos regards étaient de plus en plus charmés et fascinés. L'escalier, à deux rampes d'abord, se réunit en une seule qui aboutit au milieu d'une partie de vaste salon en forme de croix. Le centre du salon était occupé par un de ces sophas que nous appelons *pâté;* la partie qui faisait face à l'escalier était le salon d'honneur où se trouvaient assises, l'une vis-à-vis de l'autre, deux femmes légitimes du vice-roi. Celle qui se trouvait à droite fut la première dont nous nous approchâmes ; elle nous accueillit avec une grâce extrême, et, nous désignant la personne assise en face d'elle, nous dit : « C'est la troisième femme du vice-roi ; elle est princesse comme moi, faites sa connaissance; » ce que nous nous empressâmes de faire. A côté de la troisième femme, appelée Tchetcha-Afed, se trouvaient assises les deux filles qu'Ismaïl-Pacha a eues de sa première femme Shered-Fesa. L'aînée, la princesse Tefida, est classiquement belle; elle est blonde et rappelle en beau l'impératrice des Français; elle a quinze ans, et l'on parle déjà de la marier. La seconde, la princesse Fatma, a douze ans; elle a une jolie tête, mais malheureusement son embonpoint extraordinaire la défigure. Après avoir échangé les salutations d'usage, nous revînmes prendre place auprès de Shered-Fesa. Cette femme, quoique d'une taille moyenne, est d'une beauté encore plus correcte que sa fille; ses traits sont d'une régularité parfaite et la blancheur de sa peau est étonnante. Elle a des cheveux bruns, de très-grands yeux bleus baignés d'un fluide amoureux, le nez un peu aquilin, ce qui donne beaucoup de noblesse à sa physionomie; la bouche est un peu grande, les lèvres sont purpurines et voluptueuses, les dents admirables; un sourire charmant est l'expression habituelle de son visage. Elle a un organe extraordinairement doux et agréable, et son rire est argentin. Elle était vêtue d'une robe blanche, à semis de petits bouquets de fleurs. La coupe de son vêtement était pareille à celle que j'ai déjà décrite, c'est-à-dire une *stambuline* à trois traînes, relevée sur de larges pantalons de la même étoffe. Une petite pelisse en satin blanc, doublée d'une fourrure également blanche, à poils longs et touffus, était jetée sur ses épaules. Ses cheveux étaient emprisonnés dans une résille qu'une épingle en diamants retenait sur la nuque; une petite calotte en crêpe ponceau, descendant un peu sur le front, était placée sur le sommet de la tête. Le tour de cette calotte était orné de petites plaques carrées en émail noir, entourées de diamants; le chiffre du pacha, en lettres arabes avec des diamants, remplissait le milieu du carré. Tchetcha-Afed portait un vêtement gris-perle orné de velours noir, une petite pelisse et une coiffure ponceau. Tefida avait un habit pourpre, par-dessus lequel un petit manteau de page en velours rouge tout brodé et frangé d'or la drapait avec une véritable élégance; sa petite calotte était en velours noir, ornée d'une aigrette rouge; le reste de sa coiffure était européen, c'est-à-dire formé de cheveux enfermés dans une résille et de coques crêpées.

Le salon était splendidement éclairé par de grands candélabres placés à terre; les portes de cette pièce, en forme de croix, étaient ouvertes et l'on voyait de tous côtés des enfilades de chambres somptueusement meublées. Des groupes de femmes, les unes plus belles que les autres, apparaissaient de toutes parts; leurs costumes étaient extrêmement soignés et d'une variété de couleurs inouïe; on voyait qu'elles étaient toutes Turques ou Circassiennes, à en juger par la blancheur de leur teint. Une seule négresse, qui avait été nourrice du vice-roi, se trouvait là, comme pour relever et mettre en lumière la beauté des autres femmes. Elle était richement vêtue et restait assise devant les princesses.

En nous servant les pipes, les esclaves s'agenouillaient pour les allumer, mais elles mettaient un genou en terre devant les princesses, en leur présentant le tchibouk ou la cigarette. Le personnel des esclaves changeait chaque fois qu'elles apportaient ou remportaient les tasses et les pipes, ce qui se succédait sans interruption. Le nombre de ces femmes était difficile à préciser; souvent il en entrait une trentaine à la fois au salon, tandis que les autres montaient et descendaient l'escalier ou erraient dans les autres appartements. Ce spectacle sans cesse renouvelé était féerique.

Shered-Fesa était charmante; elle répondait avec grâce et à-propos à ce que je lui disais par notre interprète; tandis que je parlais, elle m'écoutait des yeux, et au premier mot qu'on lui traduisait elle comprenait de quoi il était question; sa réponse était prompte et empreinte de la gentillesse qui émanait de toute sa personne. Elle fut enchantée de Marianne, qu'elle couvrit de caresses et de baisers; elle me demanda de la lui laisser pour quinze jours et s'offrit à lui enseigner le turc, puis elle ajouta: « Laissez-la-moi, vous viendrez la voir tous les jours si vous voulez, et quand vous ne serez pas libre de le faire, elle vous écrira; je m'en charge. » Je traitai son aimable proposition de plaisanterie et la remerciai en disant qu'il m'était impossible de m'en séparer. Je lui demandai ensuite si elle avait le portrait de ses filles. « Non, répondit-elle tristement; vous savez qu'il est impossible de laisser pénétrer un peintre dans le harem. — Mais il y a des femmes qui peignent ; tenez, si je n'avais les yeux affaiblis par l'ophthalmie, je vous offrirais avec plaisir de faire le portrait de la princesse. — Oh ! comme vous me rendriez heureuse ! Venez quand vous voudrez et quand vous pourrez, Tefida sera à vos ordres ; elle sera bien obéissante et bien tranquille. »

Ces dames paraissaient se plaire beaucoup avec nous et ne voulaient pas nous laisser partir ; elles nous invitèrent à venir les voir et à assister à une fête qu'elles comptaient donner au Beïram, après le ramadan, qui est leur carême, et qui dure pendant trente jours. Ce carême consiste à jeûner jusqu'au coucher du soleil, et à s'abstenir même de fumer ; un coup de canon annonce l'heure de dîner à la tombée de la nuit. On soupe jusqu'à l'aurore et jusqu'à ce qu'un nouveau coup de canon annonce la reprise du jeûne.

Au harem, quand on reçoit des personnes de distinction, la manière de vous faire politesse est de fumer autant que possible ; aussi nos princesses tendaient-elles sans cesse leurs blanches mains pour prendre le petit attirail de fumage que leurs belles esclaves leur présentaient à genoux. Elles eurent l'amabilité de nous dire que si nous n'avions pas le goût de fumer, nous ne devions pas nous gêner de refuser les pipes qu'on nous présentait quand même. Les tchibouks, les porte-cigares, les cendrières, étaient d'une magnificence et d'un goût exquis. Ces dernières étaient en émail peint sur or, les embouchures des pipes et des porte-cigares en émeraudes, ornées de beaux diamants. Il est impossible de se faire une idée de tout ce que l'on voit dans les harems en Orient; il y a de la poésie, du mystère, du pittoresque partout; c'est tellement en dehors de la vie positive de l'Europe, que l'on se croit le jouet d'une vision fantastique. Tout y est fait pour flatter la vue et les sens : c'est un vrai délire d'imagination qui subjugue et qui enivre. Il faut se dire pourtant que ce tableau magique coûte des centaines d'intelligences éteintes, de cœurs brisés et dévorés de jalousie, de martyrs sacrifiés par le pouvoir momentané d'une rivale, de longs poëmes de douleurs incomprises et enfouies dans ces tombes vivantes, ruisselantes de lumières, d'or et de bijoux.

Shered-Fesa nous fit elle-même les honneurs de tout le palais, qu'elle nous montra en détail. Sauf trois ou quatre salons, qui sont arrangés à l'orientale, ce palais est en grande partie meublé à la mode européenne. La profusion des riches tentures d'étoffe, des bronzes, des glaces, des tapis, est sans pareille. Les chambres sont d'une dimension luxueuse. Quand nous arrivâmes à celle où couchait notre belle et gracieuse hôtesse, je me trouvai seule avec elle; elle me prit par la main et me mena près du lit; puis elle posa sa belle tête sur une de ses mains et se désigna de l'autre pour me faire comprendre qu'elle couchait dans ce lit; elle était si gentille, si belle, avec ses yeux à demi fermés, qu'on aurait voulu la peindre dans cette pose quasi enfantine. Le lit était en argent massif magnifiquement ouvragé. Les rideaux étaient en étoffe cramoisie, brochée d'or; sous les rideaux, qui étaient à moitié ouverts, on apercevait une coussinière en gaze blanche argentée à petits bouquets d'or. Le lit était déjà fait, et une riche couverture le recouvrait à demi. Shered-Fesa nous mena encore dans une foule de chambres qui toutes étaient *a giorno*. Seules, les princesses ont des lits; le reste des femmes dort comme ailleurs, sur des matelas qu'on étend par terre. Pour rentrer au salon, il nous fallut traverser les galeries qui longent l'escalier; ma crinoline prenait beaucoup d'espace et en laissait un fort petit à la princesse. Je lui dis, avec les quelques mots d'arabe que j'avais retenus, qu'elle était plus commodément habillée que moi et que son costume me plaisait; elle me fit signe de la regarder et s'élança en avant; elle défit ses traînes, dont elle passa celle de devant entre les jambes et se mit à marcher les pieds entortillés dans sa longue robe; elle arriva ainsi jusqu'au sopha d'honneur où elle nous avait reçues. On nous servit encore des pipes, du café et des sorbets exquis; les coupes des sorbets étaient en or avec des peintures d'émail ravissantes; les esclaves, en les présentant, les tenaient dans des serviettes richement brodées d'or.

Tchetcha-Afed est aussi très-belle, mais d'un genre de beauté tout à fait différent; elle est grande, mince et élancée; elle a les traits extrêmement fins sans être réguliers, des yeux noirs très-éveillés, les sourcils arqués et un peu élevés. Ma sœur, qui se trouvait assise à côté d'elle, me communiquait en russe son admiration pour elle. J'en faisais tout autant sur le compte de Shered-Fesa et souvent notre admiration se confondait en éloges pompeux sur toutes les deux. Nous pouvions nous parler en toute sincérité, parce que nous étions sûres que personne ne pouvait nous comprendre.

Le vice-roi a quatre femmes légitimes, dont une a été répudiée, selon l'usage d'ici, parce qu'elle avait eu le malheur de perdre tous ses enfants. On lui a bâti un palais et on lui a formé une petite cour; elle est condamnée à passer le reste de sa vie dans l'isolement. Tchetcha-Afed n'a pas d'enfants; Shered-Fesa commence à être négligée; elle a toute la considération, tous les honneurs, mais le caprice du pacha le rend aussi infidèle qu'un musulman peut l'être; sa préférence varie sans cesse, si ce n'est tous les jours. Sa mère, qu'il aime et qu'il vénère beaucoup, lui fait cadeau tous les ans de quatre ou cinq belles esclaves qu'elle fait acheter à Constantinople. Ce sont ces ravissantes créatures qui peuplent le harem;

elles disparaissent ensuite sans qu'on sache même comment; les hideux eunuques savent seuls ce qu'elles deviennent. A minuit, nous pûmes enfin quitter nos belles et gracieuses hôtesses; elles nous engagèrent beaucoup à venir nous promener dans leurs jardins et réitérèrent leur invitation pour le Beïram.

Quand nous eûmes descendu l'escalier, nous trouvâmes une rangée d'esclaves qui tenaient nos manteaux et le reste de nos effets enveloppés dans des serviettes brodées d'or. Une autre phalange de ces belles créatures nous accompagna ensuite avec des lanternes allumées à travers le jardin jusqu'à la porte d'entrée. L'une d'elles m'adressa la parole en français : « Vous êtes donc Française? » lui demandai-je, avec vivacité en me tournant vers elle. « *Turkich, Turkich,* » s'écrièrent en chœur cinq ou six autres, tandis que mon interlocutrice disparaissait dans la foule. Bientôt après, nous avions franchi la porte de la prison.

Arrivées dans la cour, il fallut saluer les eunuques qui nous escortèrent jusqu'à la *dahabié.*

Le lendemain de notre visite au harem du vice-roi, M. L... vint nous raconter que les princesses avaient été très-flattées de toutes les observations que nous avions faites sur leur compte. J'avoue que j'eus peine à croire ce que M. L... nous disait; je lui répondis que nous avions parlé russe entre nous, en termes flatteurs, il est vrai, sur le compte de ces dames, M. L... ajouta : « Le vice-roi m'a raconté qu'il avait une esclave circassienne, qui avait habité Tiflis, qu'elle parlait et comprenait le russe, et que pendant tout le temps que dura notre visite elle avait écouté attentivement tout ce que nous nous étions dit; que le lendemain elle avait tout raconté aux princesses que cela avait beaucoup amusées. » Le vice-roi en ayant été instruit sur-le-champ, nous dépêcha M. L..., avec lequel il est très-lié, afin de nous faire part de l'espionnage dont nous avions été l'objet.

CHAPITRE IX.

4 février.

Nous avons eu pendant ces deux derniers jours un vent affreux, le *khamsin* d'abord, le *libeccio* ensuite; on ne pouvait presque pas sortir; des tourbillons de poussière obscurcissaient le ciel devenu gris et triste comme notre ciel d'automne; la poussière pénétrait à travers les fenêtres et les portes mal closes; il y avait des moments où l'on pouvait croire que la bourrasque détacherait les châssis. La poussière du désert est si fine, qu'elle pénètre partout; aussi en avais-je plein les yeux, sans avoir quitté ma chambre.

Tous les soirs, nous avons une ou deux personnes qui viennent nous tenir compagnie, ce qui fait que nous passons une couple d'heures fort agréables. Le baron H... est fort intéressant, quoiqu'il s'exprime en français avec une certaine lenteur. C'est un savant profond en histoire, en archéologie, en langues anciennes; il lit les hiéroglyphes et connaît son Égypte comme l'A, B, C. Il nous a donné de curieux détails sur le séjour qu'il a fait pendant plus d'un an en Abyssinie chez le fameux roi Théodoros. Ce Théodoros paraît être une sorte de réformateur du pays qu'il gouverne. Il est parvenu au pouvoir par son habileté et il l'exerce rudement afin de se faire craindre. Petit à petit, il soumet les tribus avoisinantes. Il a une armée de plus de 100,000 hommes qu'il fait vivre de rapines, bien entendu. Quoiqu'il ait des palais dans sa capitale, il ne les habite jamais et vit au camp sous des tentes avec ses deux femmes et toute sa cour. Il est chrétien du rite kopte et a constamment un évêque de cette religion auprès de lui. Il y a pourtant de l'islamisme dans son culte, témoin sa bigamie. Si Théodoros a des idées de conquête, l'Égypte de son côté ne demanderait pas mieux que de soumettre ce voisin incommode;

mais l'Abyssinie est presque inabordable et les deux adversaires se contentent de se détester de loin. Ici la civilisation est bien lente à venir ; le vice-roi et son gouvernement sont adonnés corps et âme au commerce du coton, dont ils ont le monopole. Beaucoup d'Européens, parvenus à se faire bien venir auprès d'Ismaël, l'exploitent à qui mieux mieux et le pays marche comme il peut. On ne plante plus en Égypte que du coton et de la canne à sucre; il n'y a pas de légumes au Caire et les vivres y sont d'une cherté fabuleuse. On est obligé de faire venir des céréales et des bœufs d'Odessa, et ces bêtes à cornes, dont le prix ne dépasserait pas en Russie 100 ou 150 francs, se vendent ici 1200 à 1300 francs pièce.

Des personnes dignes de foi m'ont raconté que des individus très-considérés s'occupaient en outre d'un commerce infâme, de la traite des esclaves. Ils soudoient ces voleurs d'hommes qui prennent un nègre quand il est isolé et volent les femmes et les enfants. En outre, des troupes armées de ces brigands vont assiéger des villages de nègres qu'ils emmènent comme prisonniers pour les vendre ensuite dans les bazars d'Égypte, sauf à Alexandrie et au Caire, où ce commerce se fait d'une manière clandestine. Des gens haut placés payent ces expéditions et prélèvent de grands bénéfices sur ce trafic monstrueux. Tout cela est hideux à entendre et surtout à voir. Il m'est arrivé de trouver dans un harem une malheureuse négresse qui avait été revendue pour être devenue enceinte ; le pacha, ne voulant point se reconnaître l'auteur de la faute de la pauvre fille, s'en était débarrassé avec profit. Le nouveau maître attendait la délivrance de la malheureuse femme pour la revendre encore une fois, ainsi que son enfant qu'il destinait déjà à devenir un jour gardien d'un harem.

Malgré toute la surveillance que les eunuques exercent sur les femmes en Égypte, elles parviennent pourtant à nouer des intrigues hors des harems, le plus souvent en corrompant les gardiens ou les esclaves qui les accompagnent lorsqu'elles sortent, soit en voiture, soit à dos d'âne, pour aller au bain ou voir leurs amies. L'eunuque, qui n'entre pas au bain, les attend à la porte cochère ; elles n'entrent que pour changer leur habit contre celui d'une fellahine et ressortent pour aller à leur rendez-vous; après quoi elles reviennent au bain, reprennent leurs vêtements et vont retrouver leur eunuque pour rentrer chez elles. Quelquefois aussi, en arrivant à une de ces ruelles que l'on ne traverse qu'à pied, elles pénètrent dans la maison d'une soi-disant amie; la première porte franchie, elles s'aventurent dans les passages secrets qui les conduisent à ces maisons mystérieuses où se donnent les rendez-vous. L'esclave est gagnée par des cadeaux, l'eunuque attend tranquillement à la porte, s'il n'est pas dans le secret; s'il est complice, il est largement payé. Il est vrai que ces malheureuses ne peuvent sortir que bien rarement et qu'il leur faut user d'une adresse vraiment orientale pour arriver à leurs fins; si leur trahison est découverte, ce même eunuque leur passera un lacet de soie autour du cou et les ondes du Nil qui les recevront garderont le secret de leur assassin.

5 février.

Le délégué de Perse nous ayant invitées à venir voir sa femme, nous avons engagé la baronne S... à venir avec nous. Notre interprète était cette fois la fille d'une femme grecque, qu'un Italien avait achetée comme esclave. Elle parlait plusieurs langues ; elle était restée pendant huit ans dans le harem d'Ali-Pacha, dont elle avait élevé les enfants. Notre visite chez la Persane ne fut pas très-intéressante ; le mari étant présent à l'entrevue, la femme dut recevoir la permission de s'asseoir et de parler ; elle était assez belle et portait un riche costume persan, qui consistait en une robe ronde mise sur un pantalon en satin bleu azuline ; robe et pantalon étaient richement brodés d'or ; elle portait en outre une petite pelisse en velours vert. La coiffure était des plus simples et ne consistait qu'en une serviette en calicot blanc nouée sous le menton.

L'interprète était le côté intéressant de la partie; elle nous raconta la vie des harems dont elle parla avec dégoût. L'ennui et l'oisiveté des femmes et des favorites y sont abrutissants à ce qu'elle prétend, et la vie des esclaves bien dure; les eunuques qui détestent instinctivement les femmes, n'osant s'en prendre aux maîtresses, se rabattent sur les esclaves qu'ils laissent même souffrir de la faim; pour le moindre mécontentement des femmes légitimes, ces malheureuses sont enfermées dans des espèces de cachots et privées de nourriture. « J'allais, disait-elle, à la dérobée, leur porter de l'eau et du pain, j'attachais ma provision à une ficelle et je les descendais par un soupirail. Souvent aussi il m'est arrivé de voir comment la dame, saisissant l'esclave par les cheveux, la traînait en descendant l'escalier, puis trépignait sur elle avec ses pieds et la livrait ensuite aux eunuques pour qu'elle fût battue; j'accourais éperdue avec un tapis dont je recouvrais le corps ensanglanté de la malheureuse esclave. Mes supplications ne servaient à rien et les coups continuaient à pleuvoir par-dessus le tapis. Je ne pus supporter davantage la vie que je menais et malgré les offres brillantes qu'on me fit, je me retirai. Personnellement, je n'avais pas sujet de me plaindre, sinon de l'ennui que me causait l'obligation d'être escortée par un eunuque et une esclave. La mère de mes petits élèves me traitait fort bien, m'autorisait même à porter le costume européen et venait passer toutes les soirées avec moi quand les enfants étaient couchés. »

6 février.

Le mois de février s'annonce mal, les bourrasques continuent et l'air chaud est imprégné de poussière. On ne peut guère s'aventurer dans les rues, car la ville est mal tenue. L'Esbekié qui pourrait être une charmante promenade est un dépôt d'immondices. Les bazars se trouvent dans des ruelles étroites, sombres et humides. Les Arabes portant sur leurs épaules des outres remplies d'eau les arrosent sans cesse, et comme le soleil ne pénètre jamais dans ces bouges, l'humidité y est permanente. La plus belle rue du Caire, le *Mouski*, n'est guère mieux; elle ne diffère des autres que par sa largeur et par la devanture de plusieurs magasins européens. Une espèce de toit, fait en planches et en jonc, la recouvre pour la préserver de l'ardeur du soleil; elle débouche sur une petite place qui mène à l'Esbekié où sont situés tous les hôtels. Enfin, c'est le désordre, l'insouciance dans toute son horreur; la police est inerte et ne peut même pas arrêter les assassins.

Cette nuit, l'entrepreneur du café de la *Bella Venezia* a été tué par vengeance, dit-on, parce qu'il avait lui-même précédemment tué deux Grecs de ses compatriotes. Cela ne l'avait pourtant pas empêché de vivre au grand soleil et de faire son commerce. Son assassin s'est échappé; s'il est pris, le consul grec ne permettra pas de le livrer à la justice du pays. Si on lui interdit le séjour du Caire, il y rentrera avec le passe-port d'un sujet anglais, français ou américain, et son nouveau consul sera tenu de le protéger. On ne sait ce qui est pire ici, ou du gouvernement local, ou des prérogatives des consuls européens.

7 février.

Je suis retournée voir Mlle T... avec le baron H... ; j'ai trouvé cette jeune fille un peu mieux installée dans les ruines qu'elle habite ; elle a quelques meubles ; mais elle persiste à porter son costume arabe, fort peu soigné du reste. Malgré la pauvreté de ses vêtements et le désordre de sa coiffure, elle était très-jolie. Son frère, arrivé depuis peu d'Angleterre, paraît au désespoir de la résolution qu'elle a prise de s'établir ici ; il essaye par tous les moyens de la détourner de ses projets, mais il paraît qu'il ne réussira pas. Elle continue à vivre entourée de chiens et de nègres, plus sauvages les uns que les autres.

En rentrant à l'hôtel, je trouvai mon mari établi sur la terrasse où je m'installai aussi ; lord D... arriva bientôt et vint causer avec nous, il nous fit ses doléances sur la manière dont il était servi à l'hôtel. Nous fîmes chorus avec lui ; il me demanda alors la permission de m'envoyer du gibier qu'il avait tué la nuit; je n'eus garde de refuser une aussi bonne aubaine, et les perdreaux de lord D... rendirent notre repas tout à fait somptueux.

CHAPITRE X.

9 février.

Nous sommes allées enfin visiter la citadelle et la mosquée de Méhémet-Ali, bâtie, dit-on, sur le modèle de Sainte-Sophie à Constantinople. C'est un vaste temple, en forme de croix grecque, tout recouvert d'albâtre fleuri. On entre d'abord dans une grande cour carrée, entourée d'une haute galerie à arcades soutenues par des colonnes. Cette cour est pavée avec de larges plaques en marbre; elle a au milieu une belle fontaine pour les ablutions; cette fontaine est aussi en marbre blanc et sculptée dans un style arabe très-pur; c'est une espèce de large colonne octogone surmontée d'une coupole; chaque côté du monument a deux robinets devant lesquels sont placés des tronçons de colonnes où s'accroupissent les Arabes pour faire leurs ablutions. La fontaine est en outre surmontée d'une espèce de dais à colonnettes. En entrant dans la cour, on voit à droite au-dessus de la galerie une tour sculptée et ornée d'incrustations arabes. Une horloge, envoyée par Louis-Philippe à Méhémet-Ali, se trouve dans cette tour. C'est du côté gauche qu'on pénètre dans la mosquée, dont l'intérieur, tout orné d'albâtre fleuri, est d'un effet splendide; les plafonds sont à coupoles comme dans nos églises; malheureusement, ils sont trop badigeonnés de vert et ne sont pas dans le vrai style des arabesques. Au fond de la mosquée, à droite de la nef principale, il y a une chaire pour la lecture du Coran; au milieu, une espèce d'hémicycle qui se trouve dans toutes les mosquées. A droite, près de l'entrée, on voit le tombeau de Méhémet-Ali. Le sarcophage, très-élevé, est recouvert d'un tapis richement brodé; une haute grille l'entoure et forme une espèce de chambre; c'est à travers cette grille qu'on voit le sarcophage et la tenture des murs faite en brocart d'or. Sous la coupole du milieu, il y a un vaste cercle en bronze sur lequel sont suspendus des lustres et une quantité innombrable de lanternes qui servent à éclairer la mosquée. Plusieurs Arabes accroupis psalmodiaient des versets du Coran ; d'autres dormaient tranquillement sur des tapis disposés dans la direction de la Mecque.

Après avoir quitté la mosquée, nous nous dirigeâmes vers le palais de Méhémet-Ali, qui est bâti près des remparts ; un petit jardin entoure ce palais ; on y montre l'endroit d'où s'est précipité le mameluk qui seul a échappé au massacre. Le palais est contigu au harem, il n'a rien de remarquable, sinon la vue qui s'étend sur le Caire et qui présente un panorama très grandiose. Le palais est à un étage, les chambres en sont vastes, mais il y a beaucoup moins de luxe que dans les palais plus modernes ; l'ameublement est en grande partie oriental, quelques meubles seulement, un peu lourds, dans le goût européen, sont disposés çà et là.

10 février.

Une promenade au Vieux-Caire nous a engagées, à notre retour, à visiter les tombes des Mameluks. Le temps était magnifique et l'air du désert enivrant; en courant dans la direction de notre but, nous traversâmes cette partie du désert, qu'on nomme les ruines. On reconnaît facilement qu'il y eut là jadis un nombre considérable d'habitations, à en juger par les montagnes de briques qui s'y trouvent. Le long de la route, nous aperçûmes une grande quantité d'aigles qui ne se dérangeaient que fort peu à notre passage. L'air était si doux, le soleil si radieux, que nous en subissions une espèce de charme dont nous ne pouvions nous rendre compte. Arrivés aux Mameluks, nous visitâmes la mosquée où sont enterrés les vice-rois descendant de Méhémet-Ali. Il n'y a de remarquable que le sarcophage d'Ibrahim; il est en marbre noir et couvert d'inscriptions tirées du Coran. Les lettres sont en or et d'un très-beau relief. Nous nous arrêtâmes aussi devant la tombe de Foussoun, ce vaillant fils de Méhémet, puis devant celle d'Achmet-Pacha noyé dans le Nil par Saïd. Peu de ces vice-rois meurent d'une mort naturelle, et tant qu'ils vivent ils ont sans cesse à redouter quelque funeste dessein de la part de leur successeur. Ainsi Ismaël a exilé son héritier Moustapha, qui a tenté à plusieurs reprises de le faire mourir; il entretient, dit-on, une cinquantaine de sicaires chargés de ce soin; Ismaël, dans la crainte d'être empoisonné, n'ose jamais boire une tasse de café. Nous avons été accostés par un Arabe qui parlait fort bien le russe; il nous dit qu'il était natif de Boukara, qu'il avait passé dix-huit ans en Russie et que depuis vingt-cinq ans il habitait l'Égypte et qu'il passait son temps à lire le Coran dans la mosquée.

14 février.

Ma sœur et moi nous avons été voir la mosquée de Touloum; au tournant d'une rue, le cocher nous proposa de nous arrêter pour voir passer l'enterrement de Shériff-Pacha, père de Halil-Bey et un des plus riches propriétaires de l'Égypte. Il a fait sa fortune pendant qu'il était gouverneur de l'île de Candie, et de plus il a obtenu d'immenses donations de terrains. Il laisse une fortune de 115 millions de francs. Il était d'une avarice crapuleuse et laissait ses femmes manquer de tout.

Nous vîmes défiler d'abord une espèce de congrégation religieuse qui chantait des versets du Coran, puis deux rangées de kawas qui précédaient les pachas venus à l'enterrement; parmi eux, on apercevait le grand eunuque du harem. Après ces grands personnages venaient des jeunes gens portant des encensoirs qui fumaient. Ils avaient tous des *couffiés* (châles rayés) mis en tablier. Le cercueil arrivait ensuite porté par des hommes et recouvert d'un châle; une vingtaine de femmes, des pleureuses, avec de longs *habarras* bleus, tenant des écharpes de la même couleur, criaient et pleuraient autour du cercueil sur lequel elles jetaient ces écharpes à tour de rôle. Derrière le cercueil on apercevait encore une trentaine de femmes montées sur des ânes ; elles portaient des *habarras* noirs attachés sur la tête par des rubans bleus. Il paraît que le bleu est ici le signe de deuil. Quelques curieux suivaient cette cérémonie funèbre, qui n'avait rien de grandiose, mais qui avait en revanche un cachet de superstition sauvage très-prononcé.

18 février.

Nous avons dirigé notre promenade vers Héliopolis et l'arbre de la Vierge. Cette antique cité a disparu comme tant d'autres ; seul, un obélisque se tient encore debout. Un misérable village composé de quelques cabanes de fellahs est bâti sur les ruines de la ville. L'obélisque est couvert de hiéroglyphes à cartouches royaux ; dans toutes les excavations des hiéroglyphes les abeilles ont fait leur nid, et les couvrent d'une masse noire. Un petit champ de froment entoure l'obélisque. Des nuées d'abeilles, bourdonnant d'une manière étourdissante, avaient l'air de chanter l'hymne funèbre de la cité disparue.

A notre retour, nous descendîmes à l'arbre de Marie; c'est un grand sycomore à triple tronc tortueux; ses branches sont presque dépouillées de feuilles, parce que les visiteurs les emportent comme souvenirs. Le sycomore doit compter bien des siècles et j'aime la légende qui place sous son ombre la Vierge et son divin Enfant. Un joli jardinet entoure l'arbre vénéré; on y voit une masse de roses et des buissons de jasmins qui embaument l'air. Pourquoi ces deux espèces de fleurs se trouvent-elles là, l'une l'emblème de l'innocence, l'autre le symbole de la royauté des fleurs? C'est un hasard peut-être, mais c'est un hasard qui impressionne et qui fait monter la prière sur les lèvres.

La route qui mène à Héliopolis est pittoresque; d'un côté, c'est le désert silencieux et aride; de l'autre, des champs cultivés et de belles plantations faites par Abas-Pacha et appartenant à l'heure qu'il est à Mustapha, héritier présomptif du trône.

J'ai visité les bazars du Caire, qui sont d'un aspect fort curieux; ils se trouvent, en grande partie, dans des rues si étroites qu'on ne peut y pénétrer qu'à pied. Les boutiques sont fort petites, et beaucoup d'entre elles ne sont que des portes qui ont une certaine profondeur, et où sont entassées les marchandises; aucune de ces boutiques n'est de plain-pied avec la rue; le plancher, recouvert d'un tapis, sert de siége aux chalands; seul, le vendeur peut se mouvoir dans l'étroit espace qui lui sert de magasin. Les marchandises purement orientales sont peu nombreuses; à l'exception du moins des choses usuelles du ménage et de quelques vêtements, tant riches qu'ordinaires, le reste est européen. Toutes les étoffes brochées d'or, que les femmes portent dans les splendides solitudes de leur harem, viennent de France. Ainsi, ce qui entraîne ici, ce n'est pas le désir d'acheter, mais le côté pittoresque des bazars. Les Arabes, tout en demandant des prix exorbitants, ne sont jamais empressés de vendre leur marchandise; tout est fatalité, prédestination chez eux; ce qui doit se faire se fera, tout ce qui doit se vendre se vendra. Les *abaïas* (burnous), fabriqués à Smyrne, que les hommes et les femmes portent indifféremment, sont fort beaux. Ils sont, en général, en laine ou en soie tissée d'or.

CHAPITRE XI.

19 février.

Nous sommes presque sur notre départ; mais au lieu d'aller à Alexandrie, pour y attendre notre embarquement, nous avons envie de profiter de l'offre aimable que nous a faite le vice-roi d'un bateau à vapeur pour faire une excursion dans la haute Égypte; le projet me sourit beaucoup. Le voyage sur le Nil complétera le tableau de l'Égypte, qui s'est, pour ainsi dire, incrusté dans ma mémoire. J'emporterai en partant une impression toute différente de celle que j'ai ressentie en arrivant; l'aspect sauvage, qui m'avait tant répugné d'abord, a fini par me captiver par son côté pittoresque; et puis cette existence si calme, si différente de celle de l'Europe, a exercé sur toute mon organisation un charme si nouveau et si doux, que je m'en rends difficilement compte.

23 février.

Notre excursion dans la haute Égypte est ajournée jusqu'au 1er mars, à cause de la fête du Beïram. La tradition rend compte que le Ramadan qui le précède a été institué en commémoration d'un jeûne subi par Mahomet, lorsqu'il n'était qu'un simple pâtre. Plusieurs des chameaux qu'il gardait s'étant égarés, le patron, en apprenant leur disparition, fut saisi d'une violente colère et ordonna à Mahomet d'aller à leur recherche. Le prophète les retrouva au bout de trois jours, pendant lesquels il jeûna forcément. Les mahométans sont sûrs de bien connaître le mois pendant lequel cet événement s'était passé, mais ils ne peuvent préciser les jours, et pour ne pas se tromper, ils jeûnent durant les évolutions des quatre quartiers de la lune de mars. Le peuple veille une grande partie de la nuit, et s'il s'abstient de manger dans la journée, il soupe, en revanche, jusqu'à l'aurore.

C'est aujourd'hui la première journée un peu fraîche du Caire ; après un *khamsin* de trois jours, il est tombé un peu de pluie ; le soleil est voilé par des nuages, la journée est grise comme nos journées du Nord ; cela donne un aspect étrange au Caire, où le soleil est si constant.

24 février.

M. L... est venu nous prévenir ce matin que tous les ordres avaient été donnés pour notre départ, et que de plus le vice-roi avait désigné un employé du ministère des affaires étrangères qui sera attaché à mon mari à titre d'aide de camp et nous servira en même temps de drogman.

La mère d'Ismaël-Pacha est, à ce que j'ai appris, sœur de la mère du sultan Abdoul-Azis. Quand Ismaël devint vice-roi, il alla à Constantinople avec sa mère ; cette dernière étant allée faire une visite à la mère du sultan, ces dames se firent des questions réciproques sur le lieu de leur naissance et sur leurs familles. Leur étonnement fut extrême en découvrant qu'elles étaient sœurs et qu'elles avaient été vendues, l'une après l'autre, lorsqu'elles étaient encore à peine sorties de l'enfance. Singulière destinée que celle des femmes en Orient; ainsi les deux sœurs circassiennes ci-dessus mentionnées ont eu la chance toutes deux de devenir épouses légitimes de souverains. Rien n'eût été pourtant plus possible que l'une d'elles fût l'esclave de l'autre. Ces mœurs sont assurément bien étranges, et le mystère qui les entoure a un grand attrait; d'ailleurs, l'idée d'une souffrance attire toujours; celle d'une souffrance muette surtout a quelque chose qui éveille l'intérêt chez les uns, la curiosité chez les autres. Les femmes d'ici, si elles n'ont pas tout à fait la conscience de leur état avilissant, comprennent pourtant très-bien qu'elles vivent en dehors de la loi commune et sont loin d'être heureuses, comme on le croit. Toutes celles auxquelles il m'est arrivé de parler m'ont très-franchement avoué qu'elles voudraient être libres. La première femme du vice-roi, qui vit comme une souveraine et qui est entourée d'un luxe dont on se ferait difficilement une idée, ne trouve pas son soi-disant bonheur satisfaisant, malgré la considération dont elle jouit; elle se sait abandonnée et vit en commun avec deux autres femmes légitimes et plus de cent autres esclaves rivales. Aussi, dans le cours de la conversation, ai-je eu soin d'éviter toute allusion au bonheur conjugal. En parlant de notre famille impériale, elle me questionna sur les enfants de l'empereur. J'étais sur le point de lui dire que notre grand-duc héritier allait épouser une belle et charmante princesse dont il était très-épris; que notre future impératrice posséderait seule le cœur de son époux et n'aurait pas l'humiliation de voir une autre femme légitime assise à ses côtés. L'interprète se refusa à traduire ma phrase, en alléguant que l'idée du bonheur du jeune couple l'attristerait en lui faisant faire un retour sur elle-même.

25 février.

Aujourd'hui encore le temps est frais; ce matin, à 8 heures, il n'y avait que sept degrés, et à midi quatorze. Nous avons presque froid, tant la constante et douce température de l'hiver nous a gâtées. Je crains beaucoup que d'autres climats me deviennent difficiles, sinon impossibles à supporter.

26 février.

Le soleil a reparu ce matin et le Caire a repris son aspect habituel; c'est le dernier jour du Radaman aujourd'hui, et le Beïram commence ce soir, à l'apparition de la nouvelle lune. Demain matin, le vice-roi s'en va, au lever du soleil, faire sa prière à la mosquée. A huit heures, il recevra les félicitations à la citadelle; on est venu en prévenir mon mari.

Il y a, dit-on, un singulier procès, entre un

grand personnage et une belle esclave circassienne qui se dit être sujette russe. Cette femme a su faire parvenir sa plainte à Constantinople; elle dit avoir été enlevée et vendue; elle nomme ses ravisseurs et demande à être rendue à la liberté. Elle s'est d'abord adressée au consul anglais, qui s'est chargé de l'affaire et exige qu'elle soit reconduite à Constantinople. Notre consulat, qui rapatrie tous les ans, aux frais du gouvernement, une masse de ces belles prisonnières, a cru devoir laisser agir le consul anglais. Toutefois, comme cette malheureuse peut risquer d'être noyée en route sur un bâtiment égyptien, notre consulat la réclamera.

CHAPITRE XII.

27 février.

C'est aujourd'hui le Beïram ; vers dix heures du matin, nous nous sommes rendues, Marianne ma sœur et moi, au palais de Girzeh, chez les vice-reines ; Mme L... nous accompagnait. Un petit bateau à vapeur nous attendait à Caser-el-Nil pour nous faire passer le fleuve. Ces petits bateaux sont fort élégants ; il y a sur chacun d'eux un ou deux petits salons très-joliment meublés. Une musique militaire était disposée dans la grande cour qui précède le jardin, et elle exécuta une très-jolie marche pour annoncer notre arrivée ; puis, la lourde porte s'ouvrit devant nous, et en pénétrant dans le jardin, nous nous arrêtâmes ébahies à la vue du spectacle qui s'offrit à nos yeux : une multitude d'esclaves richement habillés étaient rangés le long de l'espace que nous avions à parcourir. Deux dames d'honneur des princesses vinrent nous recevoir. Elles avaient des costumes superbes et portaient des aigrettes en diamants à leur coiffure, comme signe distinctif des fonctions qu'elles remplissent.

Le soleil était resplendissant et donnait un air de fête à ce jardin, où de nombreux groupes de femmes, avec leurs vêtements à riches couleurs, étincelants d'or, apparaissaient à toutes les issues du palais ; il surgissait sans cesse quelque nouvelle beauté; le calme qui régnait dans l'enceinte du jardin n'était troublé que par le bruissement d'une fontaine et par le gazouillement des oiseaux enfermés dans une magnifique volière; il y en avait là de toutes les espèces, des plus rares et des plus belles. Débarrassées de nos burnous, nous montâmes dans les appartements des princesses; arrivée au haut de l'escalier, je les vis assises, comme la première fois, dans le salon d'honneur; à droite, Shered-Fesa, ayant sa fille aînée à ses côtés; à gauche, les deux autres femmes d'Ismaël-Pacha. Je m'approchai successivement de chacune d'elles, et j'allai ensuite m'asseoir à côté de la première.

Dans la partie centrale du salon, où il y avait autrefois le grand sopha dont j'ai parlé, il y avait ce jour-là un grand espace vide. A droite de cet espace, on avait fait placer un petit orchestre composé de femmes; elles étaient au nombre de six, et, dès qu'elles nous virent arriver, elles exécutèrent un morceau de musique sur leurs singuliers instruments. L'une d'elles avait un tambourin, l'autre une espèce de mandoline arabe; deux jouaient du violon, et les autres de la flûte. Il y avait de l'ensemble et de la mélodie dans ce qu'elles jouaient. Elles chantèrent ensuite en s'accompagnant elles-mêmes, et les flûtes furent remplacées par les voix humaines. Le chant de ces femmes différait de celui des almées; on sentait qu'une certaine méthode y avait présidé et que les voix avaient été un peu travaillées. Je ne saurais dire si l'auditoire gagnait à ce semblant de progrès. Le chant des almées est un véritable hymne de la fille du désert; il est mélancolique, suave, quelquefois saccadé, et son charme est incontestable. Je demandai à la vice-reine d'où venaient ces artistes (elles sont attachées au palais); elle me répondit qu'elles étaient de Constantinople. Le signe distinctif de leur costume était la couleur écarlate; leurs coiffures étaient ornées de diamants, et des ceintures en or emprisonnaient leur taille; elles avaient, en général, dans leur maintien une certaine désinvolture qui les distinguait des autres esclaves. Malgré leurs sourcils largement peints, elles étaient presque toutes jolies. La musique et le chant, tout en alternant, durèrent assez longtemps.

Les trois princesses étaient vêtues avec un luxe au-dessus de toute expression. Shered-Fesa portait un habit de moire antique, couleur havane, tout brodé d'or. La seconde princesse, que nous voyions pour la première fois, et qui est la moins jolie de toutes, avait un vêtement blanc richement orné d'une broderie de soie; Tchecha-Afed était tout en bleu avec de riches broderies d'or. Toutes les trois portaient de grands diadèmes, tout pareils, en magnifiques diamants; ces diadèmes étaient attachés à la nuque par de riches bouquets de diamants. Shered-Fesa nous invita, comme la première fois, à ne pas abandonner les autres princesses et à causer avec elles. Ma sœur et Mme L... allèrent vers les autres, tandis que je restais seule auprès de Shered-Fesa. Nous parvînmes à causer sans interprète, moi mêlant quelques mots arabes, elle quelques mots français aux gestes, quand les paroles ne nous suffisaient pas. Ma charmante voisine me comprenait, du reste, très-bien, et j'ai rarement rencontré une pareille expression de bonté intelligente et de sympathique douceur, comme celle qui rayonne sur le visage de cette femme.

Lorsque le chant et la musique cessèrent, nous vîmes arriver cinq danseuses; c'étaient de très-jeunes filles qui portaient des habits à double jupe en soie brodée d'or, des pantalons blancs, des bottines de velours brodé et, en guise de corsage, de petites chemises de batiste blanche à longues manches, le tout orné de paillettes d'argent. Leurs cheveux étaient défaits et tombaient en longues mèches sur leurs épaules. La musique recommença, et les petites ballerines se mirent à exécuter une danse turque, qui était un mélange de mouvements sauvages et désordonnés avec quelques poses et quelques pas européens. On amena les enfants pour assister au ballet. J'ai déjà dit que Shered-Fesa était mère de deux princesses; la seconde, dont je n'ai pas retenu le nom, a une fille et un garçon de cinq ans gros et joufflu; il était habillé en militaire, avec les épaulettes de général, et ressemblait beaucoup à un chien savant. Il y avait encore beaucoup d'autres enfants, que le vice-roi a eus des esclaves. Le fils aîné d'Ismaël, qui a le plus de chance de régner, est aussi fils d'une femme qui n'était pas légitime. Chez les mahométans, tous les enfants, du reste, sont légitimes, et on les avantage en raison de leur ordre de naissance.

Le spectacle que nous avions sous les yeux était des plus fantastiques; le vaste salon où nous nous trouvions était largement pourvu de jour par de grandes portes-fenêtres, à travers lesquelles un soleil radieux versait ses rayons splendides. De ces fenêtres, la vue s'étendait sur les jardins entourés d'une haute muraille, par-dessus laquelle l'œil se reposait agréablement sur les eaux du Nil et sur ses bords, le long desquels s'étendaient les blanches maisons de Boulacq avec leurs beaux jardins de palmiers et de bananiers. L'intérieur du salon était rempli des plus belles femmes du monde, éclatantes de jeunesse, de beauté et de parure. Il y avait musique, danse et un luxe écrasant partout. Le fond de l'appartement avait plusieurs portes, toutes grandes ouvertes sur une multitude de chambres où l'on apercevait encore une masse de jeunes femmes. J'étais tout yeux et tout oreilles pour ce qui se passait autour de moi, et je ne savais vraiment ce que je devais le plus admirer. Les pipes et le café se succédaient avec un service d'esclaves renouvelé sans cesse; c'est à peine si j'en reconnus trois ou quatre de celles que j'avais vues la première fois.

Quand on amena le petit pacha, Shered-Fesa le fit asseoir auprès d'elle et le combla de caresses. Il paraît qu'il existe entre les femmes légitimes une certaine entente amicale qui nous paraît à peine compréhensible. Elles nous demandèrent ce que nous comptions faire le lendemain du Beïram. « Nous comptons aller chez la princesse mère. — Nous aussi, nous y serons à cinq heures du soir; et vous? — Nous sommes invitées pour les onze heures du matin. — Alors nous y viendrons en même temps que vous, parce que nous tenons beaucoup à vous voir avant votre départ pour la haute Égypte. » Shered-Fesa voulait à toute force voir danser Marianne; elle fit rappeler une des petites ballerines pour lui servir de cavalier, et fit jouer une polka que les deux petites filles exécutèrent très-bien. Marianne reçut force baisers et force compliments.

A deux heures de l'après-midi, nous prîmes congé de ces dames, et, tout en traversant le jardin, nous nous y arrêtâmes un moment, parce que Marianne voulait examiner la volière à son aise. Aussitôt toutes les esclaves se groupèrent autour de nous; quelque temps après, nous nous dirigeâmes vers la grande porte d'entrée qu'on avait ouverte. Une des esclaves, qui était restée auprès de moi, risquait d'être aperçue du dehors ; l'eunuque se jeta sur la malheureuse et la poussa en vociférant du côté où étaient rangées ses compagnes.

CHAPITRE XIII.

28 f vrier.

Il a fallu nous rendre à l'invitation de la mère du vice-roi et aller chez elle vers onze heures du matin. Le palais qu'elle habite est situé dans la citadelle; en y allant, on jouit d'une vue superbe: on a à ses pieds le Caire, les rives fleuries du Nil et les Pyramides, derrière lesquelles s'étend le désert comme un tapis doré. La grande cour, où l'on arrive d'abord, est entourée en partie d'une haute muraille et en partie des communs du palais. Une musique militaire jouait dans cette cour. La porte d'entrée se trouve à gauche; après l'avoir franchie, on entre dans une galerie qui conduit au jardin, entouré d'une espèce de véranda qu'on doit traverser pour arriver au harem. On y pénètre par un vestibule qui mène au salon d'honneur, en forme de croix. Les dimensions de cette pièce sont gigantesques; les fenêtres, dont les parties latérales sont en œil de bœuf, et leurs grilles, finement sculptées, tempèrent l'éclat du jour, ce qui ajoute encore à l'aspect majestueux de cette vaste salle, dont les murs peints en grisaille représentent des paysages; les plafonds sont de style arabe, à fines sculptures coloriées et dorées. Une multitude de grands candélabres posés à terre étaient disposés dans toute la pièce. La partie par laquelle on entrait était celle d'où s'élevait un escalier conduisant à l'étage supérieur. Quand on était assis en face, cette partie-là avait un aspect délicieux; au milieu d'abord, une large porte à ogives, s'ouvrant sur un jardin tout rayonnant de verdure et de soleil; des deux côtés de la porte, un élégant escalier, que des femmes couvertes de riches vêtements montaient et descendaient constamment; au-dessous de l'escalier, une galerie dans le style arabe, qui conduisait à l'étage supérieur; en face de l'entrée se trouvait le salon d'honneur, séparé du centre par des colonnes. L'ameublement était à moitié européen, à moitié oriental.

Une dame d'honneur vint nous recevoir et nous conduisit d'abord dans la partie du milieu, à gauche; on nous offrit des siéges et des cigarettes, car il est d'usage de fumer avant d'arriver chez la princesse. Je m'amusai pendant ce temps-là à bien regarder dans une large porte qui s'ouvrait en face de nous sur un très-grand salon. Ce salon avait au milieu une éminence formant une espèce de vitrage qui donnait un éclairage superbe. Les tentures étaient en brocart de soie et d'or; l'ameublement était du plus pur style oriental, avec des glaces superbes et des cadres d'un goût exquis. Au centre il y avait une grande fontaine, entourée d'un bassin en marbre, où l'on descendait par des marches. Beaucoup de petites tables arabes étaient disposées çà et là et supportaient de belles gargoulettes à bouchons dorés.

La princesse occupait le centre du divan d'honneur; une masse de monde l'entourait. Entre les colonnes, il y avait un groupe d'almées accroupies sur des coussins; elles chantaient en s'accompagnant de leurs instruments. Je reconnus ces artistes que j'avais déjà vues chez Mme Rahib-Pacha : la fameuse Zachné et sa belle compagne Koutchouk-Afed, à la taille élancée et au regard lascif. Quand nous allâmes saluer la princesse, nous la vîmes assise à la turque, ayant à ses côtés trois femmes de Méhémet-Ali et la veuve de Saïd-Pacha, que j'avais vue pleurer chez Zenab-Hanch, parce qu'on lui avait dit qu'elle avait l'air malade. Mme Saïd-Pacha passe pour une femme de beaucoup d'esprit, et pour être très-distinguée et très-sérieuse. Aussi, se vante-t-elle de n'avoir jamais perdu son temps à des futilités. Elle n'avait jamais franchi la porte de son harem pour faire une promenade dans le jardin, et trouvait bien plus sérieux de fumer et de boire du café, accroupie sur son divan. La mère d'Ismaël-Pacha n'est pas âgée; elle a les traits beaux et parfaitement réguliers; ses yeux pétillent d'intelligence; une expression de fermeté et de caractère respire dans sa belle physionomie. Son fils lui porte une grande vénération, presque un culte; elle a la haute main dans les affaires politiques, et mainte négociation s'est faite par elle avec Constantinople. Tante du sultan, elle a su établir entre lui et son fils des rapports d'amitié sans précédents. Je lui fis mon salut à l'arabe et me bornai à lui serrer la main. Elle me dit qu'elle était enchantée d'avoir fait ma connaissance et nous offrit des places sur le divan d'honneur, parmi les princesses. Une fois que nous fûmes assises, elle appela sa dame d'honneur et la chargea de nous dire qu'elle espérait me garder longtemps et qu'elle avait encore à causer avec moi; c'était une façon d'exprimer sa politesse d'une manière particulière. Les femmes orientales ont un tact inouï avec leurs hôtes; elles font de grands frais de conversation, à leur manière, bien entendu. On nous servit aussi des *tchibouks* et du café, comme à des personnes de distinction; les veuves des vice-rois seules avaient le droit de fumer devant la princesse. Ses belles-filles et leurs enfants n'osaient pas le faire par déférence pour elle. Les femmes de Pacha arrivaient en grand nombre; elles s'approchaient lentement de la princesse, mettaient un genou en terre, baisaient le pan de sa robe et portaient sa main à leurs fronts. Elles faisaient ainsi la tournée de toutes ces dames et, sur un ordre de la maîtresse de la maison, allaient ensuite s'accroupir sur les divans latéraux en observant une certaine étiquette. Une grande quantité d'esclaves se tenaient entre les colonnes ; plusieurs d'entre elles portaient des costumes d'hommes pareils à ceux des drogmans. Ces soi-disant valets de chambre avaient été choisis avec soin ; elles avaient toutes les traits plus ou moins masculins, l'air hardi et la tournure très-dégagée. Elles étaient très-amusantes à voir avec leur démarche bruyante parmi leurs compagnes, qui, selon l'usage du pays, glissaient comme des ombres en portant les tchibouks et le café.

Il y avait aussi dans le salon d'honneur une rangée de fauteuils, sur lesquels étaient assises quelques Européennes dont les maris sont au service du gouvernement égyptien ; parmi elles se trouvait la femme de Nubar-Pacha ; elle est Grecque d'origine et portait une toilette complétement parisienne.

Une demi-heure environ après notre arrivée, il se fit un mouvement parmi les esclaves et les almées, qui se levèrent aussitôt pour aller à la rencontre des vice-reines, dont les eunuques avaient annoncé la venue. Zachné chantait à tue-tête et faisait un bruit infernal avec son tambourin. Ce jour-là, elle avait l'air encore plus sauvage; son vêtement blanc, ruisselant d'or, faisait ressortir davantage son teint bronzé et ses grands yeux à cils peints. Elle était coiffée d'un petit voile en gaze vert-de-gris tout parsemé de diamants; une *abaïa*, faite d'un châle rayé, était jetée sur ses épaules. J'ai remarqué que les almées ont le privilége de porter des bijoux en présence des princesses, tandis que les femmes de Pacha ne peuvent en mettre; elles sont, en général, très-simplement vêtues et portent de longs voiles en mousseline blanche comme signe de soumission.

Les trois femmes d'Ismaël-Pacha firent leur entrée successivement. L'étiquette exigeant que leurs traînes fussent baissées, elles étaient soutenues chacune par trois esclaves, qui portaient les traînes afin qu'elles pussent marcher. On les conduisit d'abord, comme on l'avait fait avec nous, dans une partie reculée de la salle, et on leur offrit le tchibouk d'usage. Peu après, elles vinrent s'incliner devant leur belle-mère et lui baiser la main ; elle les engagea à prendre place sur le divan d'honneur.

On enleva alors les fauteuils et les dames européennes partirent; le reste des convives s'installa sur les divans latéraux. Nous allâmes, à notre tour, saluer et serrer la main aux vice-reines; elles nous dirent à voix basse qu'elles avaient devancé l'heure de leur visite pour nous rencontrer. Quand je retournai à ma place, je me trouvai assise en face de Shered-Fesa, toutefois à une assez grande distance. Ces dames n'osaient parler à haute voix devant leur belle-mère; Shered-Fesa me faisait sans cesse des petits signes d'intelligence accompagnés de ses gracieux sourires. Aucune d'elles n'avait l'air très-gai; on eût dit qu'elles sentaient le néant de toutes les grandeurs au fond de ces splendides prisons. Deux d'entre elles portaient leur costume de la veille; la troisième avait un vêtement de toute beauté, d'une superbe couleur azur, et tout couvert d'une résille en paillettes d'argent, sur laquelle il y avait un semis de beaux bouquets. Tous les enfants d'Ismaël-Pacha vinrent chez leur grand'mère; elle les fit asseoir autour d'elle et les combla de caresses.

Comme j'avais l'intention de m'en aller, je m'approchai de la maîtresse de maison pour lui dire quelques mots; elle me fit beaucoup de questions sur Pétersbourg. Elle m'entretint longuement de mon séjour au Caire et me parla du projet que nous avions d'aller dans la haute Égypte. Je profitai de l'occasion pour la prier de remercier le vice-roi de ma part de nous avoir donné la facilité de faire ce voyage aussi agréablement. Je dirai, par parenthèse, que, en raison de l'usage ou de l'étiquette orientale, le vice-roi n'a jamais pu nous voir; comme nous étions amies avec ses femmes, c'eût été leur manquer que de faire notre connaissance. Il n'y eut pas d'amabilités qu'Ismaël ne nous fît dire par mon mari et par M. L..., son ami intime; mais c'eût été un crime de lèse-politesse que d'entrer au harem pendant que nous y étions. Si même il nous était arrivé de le rencontrer par hasard, il nous eût été impossible de lui parler de ses femmes, à moins de lui faire une injure. La princesse se chargea très-volontiers de nos commissions, me souhaitant un heureux voyage, et me fit promettre de revenir la voir à mon retour.

Quand nous l'eûmes quittée, sa dame d'honneur nous offrit de parcourir quelques salles du harem, dont la plus remarquable est celle que j'ai déjà décrite ; plus loin, nous arrivâmes dans une pièce où il y avait un piano ; Tefida et Fatma coururent à moi et me supplièrent de faire jouer Marianne, qui s'y prêta d'abord de bonne grâce, mais qui s'interrompit bientôt, embarrassée qu'elle était de la foule qui était venue l'entourer. Les petites princesses insistant pour qu'elle continuât, Marianne leur offrit de chanter plutôt l'air de la *Somnambule*, qu'elle exécuta d'une manière étonnante pour son âge. Les petites princesses furent ravies. Notre interprète était cette fois la fille de Halim-Pacha, un des héritiers du trône ; cette jeune fille est parfaitement bien élevée ; elle s'exprime en français comme une Parisienne. « Comme vous parlez bien le français! lui dis-je; combien de temps avez-vous mis à l'apprendre? — J'ai auprès de moi une gouvernante française depuis cinq ans. — Aimez-vous cette langue? — Beaucoup, et je l'ai apprise très-vite. — Lisez-vous beaucoup? — Oh! oui, ma gouvernante me donne tous les meilleurs ouvrages! »

Cette jeune fille me préoccupa beaucoup; elle a à peine seize ans et elle a l'air très-mélancolique. Elle est loin d'être belle comme Tefida, avec laquelle elle paraissait très-liée et à qui elle expliquait une foule de choses. Elle avait l'air de plaindre sa belle cousine, qui l'écoutait avec avidité. Elle est pâle et mignonne, et a le regard très-expressif. Sa mise était d'une grande simplicité : elle portait une *abaïa* rose et un grand voile en mousseline blanche. Les jeunes princesses nous retinrent longtemps, et c'est avec beaucoup de peine que je pus enfin les quitter. En traversant la salle à la fontaine, j'y vis les vice-reines assises sur le divan. Une dame européenne, vêtue de deuil, se tenait à genoux devant Shered-Fesa et lui baisait les mains en versant d'abondantes larmes; la belle princesse l'écoutait avec intérêt, et sa douce physionomie paraissait fort émue. On me dit que c'était une solliciteuse, et j'avoue que j'ai éprouvé un grand dégoût de voir une femme, qui paraissait très-distinguée, s'humilier à ce point pour obtenir de l'argent. Nous quittâmes enfin le vaste palais de la princesse mère et reprîmes le chemin de la maison.

CHAPITRE XIV.

DÉPART DU CAIRE.

4 mars.

C'est samedi, à deux heures après-midi, que nous nous sommes embarqués à bord du *Machmoudié*, bateau que le vice-roi a eu la bonté de mettre à notre disposition. Il a mis un soin extrême à ce que nous fussions abondamment pourvus de tout; malgré ses ordres, beaucoup de choses traînaient en longueur et ce fut M. Zwéguinzew, que mon mari avait invité à venir avec nous, qui se fit la providence de notre petite caravane et qui mit tant d'activité dans ses démarches, que dans l'espace de vingt-quatre heures le bateau fut entièrement prêt.

Nous levâmes l'ancre par une de ces matinées qu'on ne voit que dans les régions tropicales et qui exercent un si grand charme sur nous autres habitants des éternels frimas.

Le *Machmoudié* était amarré à l'arsenal de Boulacq, presque en face du palais de Gisreh, habité par le vice-roi et ses femmes. M. L... était venu nous reconduire, et nous présenta l'employé qu'on avait attaché à mon mari. Cet individu s'appelle Hassan-Effendi. Il parle très-bien français et paraît avoir fait de bonnes études. Le capitaine et l'ingénieur du navire sont des Arabes ; nous avons en outre vingt matelots, un maître d'hôtel nommé Abdallah, un valet de chambre appelé Affiss, un cuisinier arabe du nom de Mursi, et un sous-valet de chambre qui s'appelle Ibrahim et qui est le loustic de la bande.

En quittant le quai de Boulacq nous jouîmes presque tout le reste de la journée des vues les plus pittoresques; après Boulacq, dont les maisons ont l'air de nids d'hirondelles perchés les uns sur les autres et dont les fondements vont se perdre dans le fleuve même, nous aperçûmes le Kaserel-Nil, vaste caserne qui, vue du fleuve, a un aspect monumental. Il est flanqué de deux immenses pavillons dans un beau style mauresque ; l'un d'eux est le palais où le vice-roi travaille avec ses ministres et donne ses audiences; l'autre fait partie de la caserne. L'île de Rouda vient ensuite avec son nilomètre au palais de Hassan-Pacha et beaucoup d'autres palais encore, entourés de beaux jardins. Un peu plus loin, c'est le village de Giseh, qui s'étend presque au pied des grandes pyramides, que nous contemplâmes avec une sorte de respect. Le paysage était riant sans cesser d'être grandiose. Vers six heures du soir, nous quittâmes le pont et descendîmes dans la grande cabine pour y dîner. Le repas qu'on nous servit nous parut exquis après l'immonde cuisine de l'hôtel Zech au Caire. Nous jetâmes l'ancre vis-à-vis de Zahara. On ne peut voyager de nuit à cause des bancs de sable qui se trouvent en cette saison dans le Nil, dont les eaux sont en complète décroissance. Quelques personnes descendirent à terre et vinrent me dire que la nuit était magnifique ; malheureusement je n'osais pas encore affronter l'air après le coucher du soleil, ce qui fit que je ne pus voir les pyramides de Darchour, devant lesquelles nous passâmes le lendemain matin de très-bonne heure, alors que le soleil n'avait pas encore suffisamment réchauffé l'atmosphère.

BEDRACHIN.

5 mars.

La petite caravane s'est plainte de ne pas avoir dormi, personne n'étant habitué à sa nouvelle installation. Mon mari est établi dans le salon d'arrière, M. Zwéguinzew a la cabine contiguë à ce salon ; ma sœur, moi et Marianne, nous avons le grand salon que l'on transforme en salle à manger, sans que cela nous gêne le moins du monde, tant cette pièce est grande. La gouvernante a une cabine auprès de nous, le médecin Hassan-Effendi et notre service européen ont les leurs sur l'avant.

Je me suis établie sur le pont ; on m'a mis un matelas par terre à la mode du pays, ce que je trouve fort commode. Nous avons lié conversation avec Hassan-Effendi sur la loi des successions. Il m'a raconté que lorsqu'un riche pacha meurt et laisse des fils et des filles après lui, les fils partagent leur héritage en parts égales. Les filles ont la moitié d'une part, les femmes légitimes n'en ont qu'un huitième, si même elles sont plusieurs. Les esclaves n'héritent de rien, et si elles sont jeunes et belles, les héritiers les vendent pour ne pas subvenir à leur entretien; celles qui restent au harem sont à la charge des héritiers.

Vers cinq heures du soir, nous nous arrêtâmes à Beni-Souëf, capitale de la préfecture de ce nom; nous sommes allés y visiter le palais bâti par Saïd-Pacha. Ce palais n'a rien de bien remarquable, sauf ses dimensions qui sont fort belles; la vue s'y étend d'un côté sur la ville, et de l'autre sur de vastes plantations de coton arrosées par des machines hydrauliques. Le terrain qui entoure Beni-Souëf est assez plat, et les rives du Nil sont peu élevées. Revenus à bord, nous contemplâmes longtemps le paysage qui se déroulait au loin. Tandis que le soleil se couchait à notre droite et répandait une légère teinte dorée sur le bord du Nil, à notre gauche s'élevaient les derniers sommets du Moncatam tout empourprés de teintes brûlantes. On eût dit que du côté où il y avait des terrains fraîchement cultivés et verdoyants, le soleil n'avait pas voulu éteindre ses rayons et les avait tous concentrés pour en baigner les sommets séculaires du Moncatam. Un calme majestueux régnait dans ces régions uniformes qui, après avoir produit tant de merveilles, paraissent s'être endormies dans l'éternité.

BENI-SOUËF.

6 mars.

Nous sommes partis de Beni-Souëf à six heures du matin; le paysage qui se déroule est plat et aride, sauf quelques endroits où le vice-roi a fait faire de nouvelles plantations. Vers midi, en côtoyant la rive gauche, nous aperçûmes l'emplacement d'une célèbre ville de l'antiquité, Isemchib, dont le nom se retrouve dans la dénomination arabe du moderne village fellah, Ibkebeh. Il ne reste plus des temps anciens que des masses de ruines et quelques vestiges d'un quai grandiose, dont les énormes blocs granitiques attestent les splendeurs passées. Tout l'espace est couvert de bouquets de palmiers, qui se détachent avec vigueur sur les masses rougeâtres de Gebel-cheik-Embarouk, formant le fond du tableau. Plus loin, l'uniformité des rivages continue; on n'y aperçoit que des plaines sans fin, où l'on voit çà et là quelques palmiers, tantôt groupés en famille, tantôt isolés et se courbant sous le souffle croissant du vent d'ouest, qui depuis ce matin ne cesse de couvrir d'écume les eaux du Nil.

On nous annonce le départ du vice-roi pour la haute Égypte; ce départ a été signalé ce matin à Beni-Souëf par un télégramme. Ismaël nous suit, et vraisemblablement il nous rattrapera aujourd'hui. Nous y gagnons en vitesse, car le capitaine nous fait marcher à toute vapeur pour arriver ce soir à Minieh.

Deïr-el-Adra est un couvent de la Vierge situé

en Thébaïde sur le sommet d'une haute montagne qui en cet endroit surplombe le Nil. Nous avons pu vérifier par nous-mêmes l'anecdote du nageur qui vient implorer la charité des passants, en leur offrant le curieux spectacle de traverser le Nil à la nage. Lorsque les moines aperçoivent un bateau, l'un d'eux se fait descendre par une corde et tombe d'une assez grande hauteur dans le fleuve. L'espace et le temps sont si bien calculés que lorsque le bateau se trouve en face du couvent, le moine, dans un costume parfaitement primitif, se trouve déjà dans le canot remorqué par le vapeur.

Non loin du couvent, on nous fit remarquer sur le sommet de la montagne un portique naturel, à travers lequel on voyait le ciel d'un azur extraordinaire. Une légende s'y rattache : elle a rapport à la migration des oiseaux qui passent tous à travers ce portique pour aller saluer le tombeau du Prophète, à leur retour des contrées septentrionales. Ils laissent ordinairement un de leurs compagnons qui les attend pour leur servir de guide.

CHAPITRE XV.

MINIEH.

7 mars.

Pendant que nous étions en train de terminer notre dîner, le bateau s'arrêta devant Minieh, chef-lieu d'une très-riche province. Nous étions tranquillement établis dans le salon qu'occupe mon mari, lorsque Hassan-Effendi vint nous déclarer que le *Machmoudié* avait été invité par des signaux à venir s'amarrer auprès du bord. Peu de temps après on nous annonça la visite du *moudir* (gouverneur général) de Minieh. Nous fûmes passablement contrariés de la perspective de recevoir un brutal personnage avec lequel il aurait fallu faire des frais de conversation, en nous servant de Hassan pour interprète.

Quand on annonça le *moudir*, Hassan se précipita à sa rencontre et l'amena au salon quelques instants après. Nous fûmes tous très-agréablement surpris en entendant Mourad-Bey s'exprimer en français avec une rare élégance. Il avait été élevé à Paris, ville pour laquelle il a gardé une espèce de culte. Il nous combla de politesses et nous déclara qu'il avait reçu l'ordre de nous prier de nous arrêter à Minieh, parce que le vice-roi devait y arriver le lendemain, qu'il comptait y rester quatre ou cinq jours et qu'il tenait à nous voir. Peu à peu il finit par nous dire que nous devions également séjourner pendant quelques jours à Minieh, à cause du vice-roi d'abord, et des brigandages qui se commettaient depuis quelque temps à Siout, « mais auxquels du reste, disait-il, on avait mis presque fin. »

Tout cela nous parut assez étrange ; il est à présumer que ce n'est pas d'un simple brigandage qu'il est question : déjà au Caire on avait parlé de graves troubles dans la haute Égypte.

Mourad nous invita à visiter, le lendemain, le palais d'Ismaël-Pacha, ainsi que ses fabriques de sucre et de coton. C'était un aimable causeur, très-gai et très-enjoué; malgré la haute position qu'il occupait dans son pays, il regrettait la France et parlait de Paris avec un enthousiasme tout à fait juvénile.

Grâce à la faveur dont Mourad-Bey jouit auprès d'Ismaël, Hassan-Effendi nous régala d'un curieux spectacle de plate courtisanerie qu'on ne peut rencontrer qu'en Orient; j'avoue que je m'amusai beaucoup en l'entendant parler d'Ismaël-Pacha. Hassan avait même une autre intonation de voix en parlant de lui. Quant à l'expression de sa figure, elle avait l'air d'implorer la commisération de Mourad et de lui dire : « Faites donc savoir à à Son Altesse que je suis le plus humble de ses esclaves. » Dans la conversation le titre de Son Altesse revenait à chaque mot; il ne tarissait pas en louanges sur les faits et gestes de Son Altesse. Jamais l'Égypte n'avait eu un aussi parfait gouvernement. Personne n'avait fait des enfants aussi beaux que Son Altesse; Hassan le disait de confiance, car il ne les avait jamais vus. En revanche, les morts avaient le revers de la médaille; — Saïd était un prodigue, Abbas un fou, le grand Méhémet-Ali lui-même pâlissait à côté des mérites de Son Altesse régnante, qui fait le bonheur de ses sujets, — qu'Allah le conserve éternellement!

Le lendemain matin, le *moudir* vint nous chercher pour aller visiter le palais; il avait envoyé quatre baudets qu'on avait harnachés avec des selles de dame, mais nous préférâmes aller à pied.

Le palais vient d'être achevé, il a été construit et meublé en moins d'une année. Il est immense et contient une quantité innombrable de chambres, toutes plus splendides les unes que les autres; selon la mode orientale, il n'y en avait que trois qui eussent des lits, en argent massif, il est vrai, et d'un confort à donner l'envie de s'y reposer. Les rideaux des lits sont en magnifique brocart d'or avec des franges, des embrasses et des housses de la même matière. Dans la salle principale, qui contient le divan d'honneur, une fontaine en albâtre oriental magnifiquement sculpté déploya pour nous tout son luxe aquatique. Le bain est à peu de chose près la plus belle chambre du palais; c'est une pièce carrée, dallée de marbre, avec un bassin et une cuve de ce même albâtre fleuri dont est ornée la mosquée de Méhémet-Ali. Le plafond est une vraie merveille; c'est un échiquier de pendentifs octogones en stuc blanc, dont les intervalles sont couverts de verres prismatiques de toutes couleurs tamisant une lumière douce et chaude.

Nous sommes allés ensuite visiter les fabriques de coton et de sucre. Les propriétés du vice-roi à Minieh sont admirablement cultivées; partout on voit des machines hydrauliques qui amènent les eaux du Nil dans ces riches plaines. Ce magnifique fief d'Ismaël est destiné à son jeune fils Ibrahim-Pacha, à peine âgé de six ans. Tandis que nous admirions cette belle propriété, Hassan disait avec une bassesse stupide : « C'est beau, parce que cela appartient à Son Altesse. »

Le soir Mourad-Bey revint nous voir et nous proposa une excursion à Beni-Hassan. Il est d'une politesse qu'il nous est presque impossible d'atteindre; toutefois il met un singulier sans-gêne dans sa manière d'être. Comme il se plaît beaucoup avec nous, il a transformé la cabine de mon mari en une salle d'audience. Il y reçoit son sous-préfet, son bachi-bouzouk et un capitaine de bateau à vapeur qui viennent lui faire leur rapport, et sous le prétexte de ne pas nous quitter, il leur donne ses ordres devant nous. Pendant ce temps, Hassan, dans l'espoir d'être entendu de lui, recommence sa kyrielle de louanges sur Son Altesse et essaye de se faire aussi homœopathiquement petit que possible, afin de rendre Son Altesse gigantesquement grande.

8 mars.

Ce matin vers onze heures, nous partîmes pour Beni-Hassan, accompagnés du *moudir*, qui avait donné des ordres pour nous procurer des montures et des guides. En descendant à terre, nous trouvâmes une tribu entière qui nous attendait en faisant un bruit épouvantable. Il y avait beaucoup de Bédouins armés qui, je l'avoue, ne m'inspirèrent pas une énorme confiance, d'autant plus que deux ou trois de nos matelots, qui nous avaient suivis, nous recommandaient de cacher nos montres et nos bracelets. Bientôt chacun fut en selle et la caravane se mit en marche à travers les sables et les terrains d'alluvion qui forment la vallée du Nil. Seul, le *moudir* resta bientôt en arrière ; son cheval qui était le plus beau et le plus richement caparaçonné, parut trop fougueux à Son Excellence qui s'en retourna à bord du *Machmoudié* pour y faire une bonne sieste.

Nous montions une falaise escarpée, où jamais les eaux fécondantes n'ont atteint : c'était le désert implacable ! Un sable incandescent sous nos pieds et toute l'ardeur tropicale du soleil au-dessus de nos têtes, une vraie fournaise. Mais une compensation nous attendait lorsque nous arrivâmes dans les grottes tumulaires qui sont creusées dans les sommets des montagnes et d'où l'on voit tout le panorama de l'Égypte, jusqu'au désert libyque.

Le Nil ressemblait à un ruban vert lamé d'argent que le désert bordait d'une frange d'or.

Les grottes tumulaires de Beni-Hassan sont extrêmement intéressantes au point de vue archéologique ; ce sont, dit-on, les plus anciens monuments de l'Égypte ; on y voit des peintures conservées depuis des milliers de siècles; elles représentent tous les rois ainsi que tous les arts, les métiers et les coutumes de l'Égypte pharaonique. Chaque salle, taillée dans le roc, est divisée en trois parties, dont une nef principale, par quatre colonnes monolithes, les unes rappelant l'ordre dorique, moins le chapiteau, les autres d'une forme toute particulière. Tout cela nous a vivement intéressés et nous avons parcouru autant de grottes que nos forces nous l'ont permis. Enfin, épuisée de fatigue et de chaleur, la caravane fut obligée de se diriger vers l'endroit où le *Machmoudié* était amarré. La descente fut tout aussi pénible que l'ascension, et j'avoue que j'éprouvai souvent une certaine terreur, lorsque les Bédouins, armés de leurs fusils, se précipitaient vers moi pour soutenir ma monture qui avançait avec une peine infinie sur les rochers escarpés de Beni-Hassan.

Revenus à bord du bateau, nous y trouvâmes Mourad-Bey, frais et dispos après un somme de quelques heures. Hassan-Effendi se confondit en louanges sur Son Excellence de ce qu'elle n'était pas allée voir des grottes qui n'offraient aucun intérêt, selon lui, et de ce qu'il n'y avait que les Européens qui pouvaient supporter de telles fatigues pour satisfaire leur curiosité.

Chemin faisant, le *moudir* reçut un télégramme qui annonçait le départ du vice-roi de Beni-Souëf et sa prochaine arrivée à Minieh. En approchant de cette ville, nous vîmes la berge couverte des uniformes blancs de soldats égyptiens dont les armes scintillaient au soleil.

Au loin sur le fleuve, des bateaux à vapeur, remontant le Nil, arrivaient chargés de troupes vers Minieh. Cela nous parut d'autant plus de mauvais augure, que pendant le dîner un émissaire était venu annoncer au *moudir* que la nouvelle précédemment arrivée du voyage du vice-roi était entièrement controuvée.

A la tombée de la nuit, nous vîmes encore passer devant nous des remorqueurs qui traînaient des barques énormes chargées de troupes. Malgré tous les soins qu'Hassan mettait à nous cacher les désordres qui régnaient sous le paternel gouvernement de Son Altesse, la révolution dont la haute Égypte était dans ce moment le théâtre était évidente et si on nous avait arrêtés à Minieh, c'était uniquement pour ne pas nous exposer à quelque attaque de la part des mutins. Il était avéré qu'ils avaient assailli un bateau du gouvernement dont ils avaient tué le timonier, et une *dahabié* dans laquelle ils avaient assassiné des négociants grecs qui allaient à Thèbes. Les précautions que prenait le vice-roi étaient loin de nous être inutiles ; aussi, le lendemain matin, nous ne fûmes pas fâchés de partir escortés de plusieurs vapeurs portant une masse de soldats.

CHAPITRE XVI.

MANFALOUH.

9 mars.

Nous avons eu la plus belle traversée du monde du Minieh à Manfalouh, où nous sommes arrivés pour la nuit. Depuis Minieh, la température change complétement, elle est toute tropicale et l'air y est d'une transparence et d'une légèreté dont notre froide Europe ne peut donner aucune idée; le ciel n'était plus pâle comme au Caire, mais d'un de ces bleus d'azur devant lequel même le ciel de Naples paraîtrait terne. Les rives du Nil sont plates du côté du désert libyque, et montagneuses du côté de la Thébaïde. Ce sont des rochers arides brûlés par le soleil ardent de l'Égypte ; on y voit beaucoup de grottes tumulaires et de temps à autre d'immenses collines de sable entassé par les vents du désert. A mi-chemin, à l'endroit où l'on serre de près la chaîne thébaïque, on voit des espèces de cavernes appelées *grottes des crocodiles* et qui leur servent de refuge. Malgré toute l'attention que nous mîmes à guetter l'apparition de ces sauriens, nous n'en vîmes pas un seul. Mais en revanche, nous aperçûmes une masse innombrable d'oiseaux que nous n'avions encore jamais vus : c'étaient des grues, des colombes bleues et d'autres oiseaux avec des plumages de toutes couleurs. De grandes troupes de pélicans prenaient leurs ébats dans le Nil ; des aigles énormes planaient sur les sommets des montagnes et les bancs de sable étaient littéralement couverts d'oiseaux de toutes les formes et de toutes les tailles.

Nous étions tous béatement installés sur le pont et abrités sous une tente qui nous préservait un peu de l'ardeur du soleil. Il me semblait que les forces me revenaient avec chaque aspiration ; il n'y avait pas un souffle de vent ; le Nil était uni comme une glace et le *Machmoudié* seul troublait ses eaux tranquilles. Il y avait tant de grandeur, tant de calme dans ce pays séculaire, qu'on en était saisi et que tout ce qu'on avait vu ailleurs ne paraissait plus que plein d'une grandeur illusoire à côté de ces antiques rives qui furent presque le berceau de la civilisation et qui ont donné à l'humanité de longs siècles de gloire.

A cinq heures, nous nous arrêtâmes devant Manfalouh ; je vis bientôt deux jeunes filles qui vinrent sur le rivage et s'arrêtèrent devant le *Machmoudié*. Elles portaient des pantalons rouges et des petites vestes comme les almées ; leur sein était complétement nu et de riches colliers ornaient leur cou. Leurs *abaïas* et leurs longs voiles étaient transparents et ne leur couvraient pas le visage ; leurs cils étaient largement peints de noir et leurs cheveux, peignés très-lisses par devant, tombaient sur leurs épaules en nattes nombreuses tressées avec des sequins. Le capitaine voulut faire renvoyer ces femmes à l'instigation de Hassan-Effendi ; je lui en demandai la raison ; il me répondit d'un air cafard que je ne devais pas les regarder parce que c'étaient des courtisanes. Je me retirai en insistant pour qu'on ne les obligeât pas à s'éloigner, puisqu'elles avaient une tenue modeste.

Je suis allée avec M. Zwéguinzew visiter la ville, en ayant Hassan et un kawas comme guides.

Manfalouh n'est qu'un petit bourg, bâti en grande partie avec de la terre et du sable ; son aspect est pourtant très-pittoresque ; les habitations des fellahs sont, comme ailleurs, petites, basses et misérables. On nous conduisit dans le jardin d'un riche propriétaire ; ce jardin occupe une étendue de plus de cinquante *fedans* (cinquante hectares). Il est parfaitement entretenu, planté de magnifiques palmiers, de poivriers, de mûriers, de bananiers, de figuiers et de grenadiers. Tous ces arbres sont disposés en allées et en bosquets fournissant un délicieux ombrage. Le soleil disparut bientôt et un clair de lune splendide vint succéder à son éclat ; il faisait si beau, l'air du jardin était si parfumé, la nature si poétiquement belle, que malgré la fatigue que je ressentais j'étais ravie de ma longue promenade.

Hassan, dont le mérite principal est la quintessence de la flatterie, était du reste un assez mauvais guide, malgré toute la peine qu'il se donnait pour m'être agréable. Il nous a fait arpenter le jardin en tout sens, et nous a fait faire double chemin en croyant le raccourcir. Mon compagnon était furieux contre Hassan, il le traitait entre nous d'animal stupide et je voyais le moment où il le lui dirait à lui-même.

Nous rentrâmes à bord quand la nuit fut tout à fait venue ; le ciel étincelait d'étoiles que le Sirius éclipsait par son éclat. Après le dîner, on vint prendre le café sur le pont ; c'était la première soirée que je passais au grand air depuis un an. Pendant la soirée, beaucoup de bateaux à vapeur chargés de troupes passèrent devant le *Machmoudié*, en se dirigeant vers la province de Siouth, où les troubles avaient éclaté.

SIOUTH.

10 mars.

Le trajet de Monfalouh à Siouth n'a pas été long ; à onze heures du matin, nous étions déjà arrivés.

Le temps était magnifique et la chaleur assez forte ; nous résolûmes de rester à bord jusqu'à quatre heures après-midi, ayant toute la journée à nous, attendu que le capitaine avait déclaré qu'il lui fallait faire nettoyer la chaudière. La véritable cause de ce temps d'arrêt était la lenteur des bateaux surchargés de troupes, qui avaient peine à marcher dè conserve avec nous. Quelques heures après notre arrivée, plusieurs vapeurs parurent à l'horizon.

Après le déjeuner, Hassan alla en ville pour prévenir le *moudir* de notre présence à Siouth, des ordres ayant été donnés par le vice-roi à toutes les autorités pour que nous fussions bien reçus et pour que nous eussions des gardes partout. Pendant son absence et tandis que tout le monde prenait part à une pêche à la ligne, organisée par Ibrahim d'une manière particulière, une bruyante procession déboucha sur le quai ; elle était précédée de musiciens et d'almées. Une foule considérable marchait autour d'un chameau chargé de paniers où il y avait des enfants circoncis. La procession s'arrêta devant notre bateau; six almées sortirent du cortége et nous proposèrent de danser pour nous. Comme le bateau était amarré tout près du bord, nous descendîmes sur le rivage à la grande satisfaction de ces dames.

Deux d'entre elles étaient très-belles et toutes dansaient fort bien. Elles portaient de très-riches costumes à couleurs éclatantes, ornés d'une masse de sequins et d'autres bijoux en or. La forme de leurs vêtements ne différait pas de celle des almées du Caire; seulement leurs coiffures étaient plus soignées et plus splendidement ornées de sequins et de plaques en or, qui garnissaient leur front et tombaient des tempes le long des joues. Ce petit spectacle, tout à fait inattendu, fut une représentation à notre bénéfice, quant au plaisir qu'il nous procura. Les almées, voyant que leurs exercices chorégraphiques étaient loin de nous déplaire, s'éloignèrent avec peine du bateau.

A quatre heures, nos modestes montures arrivèrent escortées de kawas ; nous allâmes visiter la ville de Siouth, qui se trouve à une demi-heure de distance. J'étais heureuse de me sentir la force de faire cette course à dos d'âne. Hassan était rempli de soins pour nous et appelait sans cesse notre attention sur la masse de soldats qui étaient échelonnés le long de la route pour notre sureté.

La ville de Siouth est très-bien bâtie ; on n'y voit pas ces immondes masures pétries avec de la boue ; toutes les maisons sont en brique et d'une jolie architecture orientale. Siouth est partagé en douze quartiers, séparés par de magnifiques jardins de palmiers et d'autres arbres des régions tropicales. Ces jardins sont entrecoupés de magnifiques champs de froments, dont la verdure était d'une fraîcheur toute printanière.

L'aspect de la ville est ravissant ; elle est bâtie sur plusieurs collines et ornée de beaux minarets qui s'élancent gracieusement sur un fond touffu de palmiers. Nous admirions toutes ces magnificences par une avant-soirée idéalement belle.

En face de Siouth, de l'autre côté du fleuve, on aperçoit la chaîne aride des montagnes de Gebel-Kassaïr, qui contiennent une quantité de grottes, dont une partie forme les écuries d'Antar.

Pour arriver à la ville, on suit une belle et sinueuse allée d'acacias, qui est bordée de champs entrecoupant les beaux jardins dont j'ai déjà parlé. Le quartier de la ville le plus considérable est situé sur le bord du fleuve.

Nous avons visité les bazars et nous nous sommes amusés à acheter des gargoulettes et des bijoux que portent les femmes du peuple, qui, du reste, paraît jouir à Siouth d'une grande aisance.

Nous sommes retournés à bord avant que le soleil ait disparu de l'horizon, qui s'étendait au loin devant nous à cause de la grande largeur du fleuve en cet endroit.

Le sous-préfet vint se présenter à mon mari, en l'absence du *moudir*, parti de Siouth à cause de la révolte qui avait éclaté dans sa province. La visite de ce fonctionnaire ne fut pas très-intéressante ; on se borna à se faire des compliments par l'intermédiaire de Hassan ; on but du café, on fuma, et comme l'heure du dîner approchait, Hassan renvoya le sous-préfet sans trop de cérémonie.

Pendant notre trajet depuis Minieh, nous avons rencontré beaucoup de *dahabiés* chargées de nègres que l'on conduisait au Caire pour les y vendre clandestinement.

A Siouth, les bords du Nil étaient couverts d'une foule compacte d'hommes destinés à être enrôlés. Il y avait en outre deux vapeurs déjà chargés des recrues qu'on allait emmener. Hassan s'empressa de nous dire que ce n'était qu'un contingent d'ouvriers pour creuser un nouveau canal. Il continuait à avoir une peur horrible que nous ne comprissions que c'était à cause des troubles dans la haute Égypte qu'on faisait une nouvelle levée d'hommes.

CHAPITRE XVII.

MENCHIÉ.

11 mars.

Après Siouth, le paysage ne change pas beaucoup d'aspect; la chaîne arabique suit constamment la rive orientale du Nil. Après un trajet de quelques heures, on voit la chaîne libyque apparaître à l'occident et se perdre de nouveau dans l'immensité du désert. L'air est lourd, le soleil est voilé par des nuages, ce qui n'empêche pas que la chaleur ne soit extrême : il y a plus de 28° à l'ombre.

Nous avons vu une nombreuse troupe de soldats sur le sommet de l'une des montagnes de la chaîne arabique. D'autres soldats marchaient également dans la direction d'un village qui se trouve au pied de la montagne. Les flots du Nil portaient le cadavre d'un homme dont les blessures étaient encore saignantes. Hassan se donnait une peine inouïe pour attirer mon attention ailleurs et me persuader que cet homme n'avait pas été tué par les soldats. Toutefois, il ne pouvait dissimuler la satisfaction qu'il éprouvait de nous voir précédés et suivis par des bateaux chargés de troupes.

Malgré les ruses d'Hassan, mon mari, M. Zwéguinzew et le docteur aperçurent, non loin d'un village qu'on avait saccagé et brûlé, un pauvre diable d'Arabe qui avait été pendu après avoir été tué dans une rencontre avec la troupe. Les hommes de l'équipage en virent encore quatre autres qui avaient été exécutés de la même façon.

Le premier de ces hommes avait été le chef principal des mutins; il était parvenu à soulever cinquante villages, dont une partie des habitants se cachaient dans les montagnes où les troupes leur faisaient la chasse.

Heureusement pour Hassan, nous étions descendues dans les cabines pour faire notre toilette, et il espérait que ces messieurs garderaient vis-à-vis de nous un silence absolu sur l'horrible spectacle qu'ils avaient vu.

Toutes les attentions du vice-roi pour nous assurer un passage sans le moindre danger n'étaient que trop compréhensibles, et je dois rendre justice aux excellents procédés dont on use envers nous. Toutes les autorités ont reçu l'ordre de se présenter à mon mari, et nous sommes traités avec les plus grands égards.

Je ne sais dans quel pays de l'Europe on saurait exercer une pareille hospitalité, et la Russie seule pourrait rivaliser avec l'Égypte pour la manière dont elle reçoit les étrangers.

Notre voyage est comme un beau rêve ; tout s'y fait d'une manière féerique. L'équipage, le service n'a qu'un seul désir, qu'une seule préoccupation, celle de deviner nos moindres fantaisies.

L'aspect de la population est par trop pittoresque et je me vois sans cesse obligée de renvoyer ma petite Marianne dans la cabine, pour lui éviter la vue des costumes primitifs des indigènes. On les voit puisant l'eau pour alimenter les réservoirs (*shadoufs*) qui fournissent l'eau des rigoles dans les champs. L'organisation de ces *shadoufs* est pharaonique ; ils sont superposés les uns au-dessus des autres ; un homme puise dans le fleuve l'eau qu'il verse dans un réservoir, à la hauteur de son bras, un autre individu à son tour prend l'eau du premier réservoir qu'il verse dans le second, et ainsi de suite, jusqu'à la hauteur des rigoles. Pour puiser l'eau on se sert d'un vase en terre cuite ou d'un sac en peau de gazelle, qui est attaché à une corde tenant à une perche qui se ploie et remonte tour à tour au moyen d'un mécanisme très-simple.

Vers quatre heures, nous avons passé devant Echmin, joli petit bourg construit sur les ruines de Panopolis, dont l'antique quai se voit encore. Echmin est bâti sur une petite éminence qui s'avance dans le fleuve. On aperçoit d'abord toute une rue de jolis colombiers construits dans l'ancien style égyptien. En tournant le cap, le bourg se termine par une jolie forêt de palmiers. Bientôt après nous passâmes devant Souhak, où le capitaine voulut s'arrêter pour la nuit ; mais Hassan insista pour qu'on allât jusqu'à Minchié, afin que le lendemain on pût coucher à Keneh. Souhak est une ville de préfecture, et le vice-roi y a fait bâtir un beau palais pour le gouvernement ; ce palais est entouré de cabanes pittoresquement construites ; un acacia leur sert de toiture ; autour de l'acacia, il y a un mur circulaire percé d'une porte. Les branches de l'acacia donnent un peu d'ombrage aux cabanes du pauvre fellah.

MINCHIÉ.

12 mars.

Nous avons atteint Minchié pour y passer la nuit. On ne voit guère que des colombiers dans ce village ; c'est pour avoir de la colombine qu'on élève une aussi grande quantité de pigeons dans ces provinces où l'on cultive beaucoup de cannes à sucre.

A dix heures du matin, le *Machmoudié* s'arrêta à la vue de deux bateaux du gouvernement, dont l'un portait Kassin-Pacha et des troupes et l'autre le moudir de Keneh, Kasser-Pacha, qui vint se présenter chez mon mari. Cet homme a des manières très-agréables et s'exprime très-facilement en italien ; il a été extrêmement aimable et nous a dit que le vice-roi lui avait ordonné de mettre le palais d'Esneh à notre disposition. Ismaël pensait que nous prolongerions notre séjour dans la haute Égypte jusqu'à son arrivée.

Après avoir fumé et bu du café, le moudir se retira et le *Machmoudié* se remit en marche. Le trajet jusqu'à Keneh, où nous devions nous arrêter, a été marqué par un succès de chasse remporté par M. Zwéguinzew et le docteur. Ils ont tué un magnifique pélican, à la grande joie d'Ibrahim et du cuisinier Moursi, qui s'est chargé de l'empailler provisoirement. Nous portons la dépouille de l'oiseau suspendue au-dessus de la passerelle. Ibrahim l'admire en faisant des grimaces à mourir de rire.

Il faisait nuit quand le *Machmoudié* s'arrêta ; la rive était très-animée ; plusieurs barques et *dahabiés* y étaient amarrées. Nous apprîmes par un des drogmans de ces *dahabiés* qu'elles étaient obligées d'attendre à Keneh qu'un des vapeurs du gouvernement vînt les remorquer, afin de les protéger contre les attaques dont un de ces bateaux venait d'être victime.

Mon mari avait pris la fièvre en arrivant à Keneh, et Hassan accompagna le médecin qui y alla pour chercher de la quinine. On poussa la politesse jusqu'à ne pas permettre au médecin d'aller à la pharmacie et on le conduisit chez le sous-préfet, où l'on fit venir le pharmacien pour lui remettre l'ordonnance. Quand le médicament fut apporté, le médecin voulut le payer ; mais il lui fut répondu que, par ordre du vice-roi, les autorités devaient solder les moindres de nos dépenses. Le médecin ayant insisté, on lui dit que ce serait offenser le vice-roi que de ne pas obtempérer à sa volonté.

Denderah se trouve en face de Keneh et il faut environ une heure pour y arriver.

CHAPITRE XVIII.

THÈBES, LUXOR, KARNAK.

13 mars.

La nuit était presque venue quand nous abordâmes à Luxor, situé sur la rive orientale du Nil. La ville, ou plutôt le village moderne, est bâti sur une élévation formée par les ruines de l'antique Thèbes qui s'étendait au loin et qui, vers le nord, aboutissait à Karnak.

En face du côté occidental, on voit la chaîne libyque, le Gebel-el-Moulouk des Arabes, qui était la ville des morts et servait de sépulture aux pharaons ; vers le sud, la ville continuait jusqu'aux ruines de Médinet-Abou, temple de Thouthmès.

Luxor se présente d'une manière grandiose ; la

première chose qu'on aperçoit, ce sont les fameuses quatorze colonnes qui restent encore de la gigantesque avenue qui reliait le pylone au temple dont on voit également les ruines assez bien conservées.

Dès que le bateau s'arrêta, nous descendîmes à bord ; les autorités de la ville nous y attendaient déjà avec des kawas. Nous avions amené de Keneh un jeune Arabe, fils de l'agent de Russie et d'Angleterre. Ce jeune homme, qui parle très-bien l'anglais, nous dit que son père logeait tout près et que sa maison était située entre les fameuses colonnes. En y arrivant, nous aperçûmes effectivement une espèce de masure composée de quelques chambres, mais qui en revanche avait pour portique deux colonnes de proportions gigantesques. Ces colonnes ont été érigées avec des blocs énormes de granit superposés les uns aux autres sans aucun ciment. Le plafond, qui existe encore, a été fait de la même manière. Jadis cette avenue de colonnes avait une étendue de près de deux kilomètres.

Du côté du sud, elle aboutissait au temple; du

côté du nord, au magnifique propylone qui était autrefois orné de deux obélisques, dont l'un a été transporté à Paris.

Sur le perron du consulat nous vîmes un Arabe à barbe blanche qui descendit à notre approche et nous engagea à entrer chez lui ; c'était Mustapha-Aga, notre agent. Il nous conduisit dans son salon d'honneur, où il nous montra quelques antiquités ; j'examinai avec curiosité des urnes funéraires, des petites statuettes de momies que l'on déposait dans la tombe du défunt, et un panier tout rempli de lambeaux de papyrus. Mustapha-Aga s'exprimait couramment en italien. Quand nous en vînmes à parler de sa collection, il m'offrit une fort jolie statuette de momie et du papyrus.

KARNAK.

14 mars.

A huit heures du matin, notre petite caravane, montée sur des baudets, se mit en marche pour Karnak. Le temps était magnifique, l'air pas trop brûlant, et notre course s'accomplit de la manière la plus heureuse du monde. Seul mon mari fut obligé, à cause de son accès de fièvre, de remettre sa visite à Karnak.

Les ruines de Karnak sont les plus remarquables de toute l'Égypte et certainement de tout l'univers.

C'est sous la douzième dynastie que le pharaon Ousertisen Ier en fit commencer la construction, à peu près 2800 ans avant l'ère chrétienne. Tous ses successeurs, jusqu'aux derniers Ptolémées, ont contribué à l'accomplissement de ce grand œuvre ; on peut dire que ce temple est l'ouvrage de trente siècles d'une civilisation à laquelle nos temps peuvent à peine être comparés. C'est à travers une allée de sphinx à têtes de béliers que nous arrivâmes à un magnifique pylone couvert d'hiéroglyphes ; ce pylone est heureusement très-bien conservé et sert d'entrée au temple bâti par Ramsès III, de la dix-neuvième dynastie, 1280 ans avant Jésus-Christ.

Ce temple était dédié à Jupiter-Ammon, dieu tutélaire de l'Égypte. L'intérieur est encore dans un état de conservation tel, que l'on peut parfaitement juger de ce qu'il a été au temps de sa splendeur. De magnifiques colonnes sont disposées tout le long des murs qui forment un carré parfait. Après avoir visité ce temple, nous fîmes le tour de toutes ces belles ruines pour juger de l'ensemble et nous entrâmes par la porte principale qui donne sur le Nil. On pénètre d'abord dans une vaste enceinte rectangulaire, au milieu de laquelle se trouvent deux rangées de colonnes servant pour ainsi dire d'avenue du pylone d'entrée à un autre pylone. A droite, se trouve enclavé le mur du temple de Jupiter-Ammon, dont j'ai déjà parlé. En longeant l'avenue, on arrive au magnifique pylone qui conduit à la salle des colonnes. La statue colossale de Ramsès III, à moitié brisée, se trouve à droite du pylone, dont la sculpture est d'une finesse admirable. Il a été élevé par Soti Ier de la dix-neuvième dynastie. Soti était père et prédécesseur de Ramsès, Sésostris le Grand. La salle des colonnes, fondée par le même pharaon, est la plus belle partie des temples ; il y a encore cent trente-six colonnes debout, reliées les unes aux autres par un plafond fait en blocs de granit monolithes, d'une proportion fabuleuse. Une partie de ce plafond existe encore ; il est, ainsi que les colonnes, couvert de magnifiques sculptures hiéroglyphiques et peint si merveilleusement, que les couleurs en sont parfaitement conservées ; seules, les têtes des pharaons ont été partout mutilées. Les colonnes ont vingt-trois mètres de hauteur avec leur chapiteau, et dix mètres de circonférence.

De la salle des colonnes on passe, sous un nouveau pylone, dans une cour appelée cour des cariatides, qui ont été toutes mutilées à la suite de l'édit de Théodose. Cette partie du temple est du temps de Thouthmès Ier; le pylone dont je viens de parler est de la même époque. Il y avait encore quatre obélisques monolithes en granit rose de Syène, dont deux sont encore debout. Ils sont de grandeur pareille à celui de Saint-Jean-de-Latran, à Rome. Plus loin, en franchissant un portique très-bien conservé, on aperçoit le sanctuaire ; c'est un édifice séparé, tout en granit rose, avec une nef principale flanquée de petites nefs ou chambres perpendiculaires à l'axe général. Malheureusement, cette partie du temple est la plus ruinée : ce sont des montagnes d'énormes blocs rectangulaires amoncelés les uns sur les autres, comme par un tremblement de terre. Les sculptures, les bas-reliefs des parties encore debout frappent par leur conservation, même dans ce pays où tout semble avoir été fait pour l'éternité. Les peintures sont fraîches comme si elles ne dataient que d'hier, tant les couleurs en sont vives et brillantes.

Le palais du roi était toujours contigu au temple, et pour arriver à celui de Karnak on traverse une nouvelle salle de colonnes qui ressemblent à l'ordre dorique. Le palais du roi Thouthmès III, de la dix-huitième dynastie, est en grande partie ruiné ; ce qu'il y a de mieux conservé, c'est une pièce de moyenne dimension, qui servait de chapelle, et dont l'intérieur est orné de magnifiques sculptures hiéroglyphiques peintes. Temples et palais formaient un édifice oblong qu'entourait jadis un mur d'enceinte dont les débris se retrouvent encore.

Dans le pylone qui se trouve entre la salle des colonnes et celle des cariatides, on voit les hiéroglyphes sculptés qui représentent la victoire de

Soti sur les Juifs. Ces derniers sont représentés avec des cartouches royaux et ayant les bras liés avec des cordes.

Nous sortîmes de ces magnifiques ruines du côté opposé à celui par lequel nous étions entrés. On longe encore pendant quelque temps une avenue de sphinx à têtes de béliers, dont deux sont encore dans un état de parfaite conservation ; plus loin, on traverse plusieurs salles en ruine, dans l'une desquelles on voit une grande quantité de statues à corps de femmes et à têtes de singes.

En quittant Karnak, nous allâmes à Luxor pour visiter les restes du temple, où l'on entre par le propylone dont j'ai déjà parlé. Ce propylone était attenant à la fameuse avenue des colonnes qui menait au temple. Le propylone de Luxor a, comme tous ceux de Karnak, une forme pyramidale. Il est orné de sculptures représentant les conquêtes de Thouthmès, assis sur un char et de proportions colossales, et suivi de ses cavaliers représentés dans leur grandeur naturelle. A côté des obélisques qui précèdent le pylone, il y a plusieurs colosses dont on ne voit que les têtes. Dernièrement M. Mariette a fait faire une excavation autour de l'un d'eux, pour juger de sa hauteur et pour atteindre le piédestal ; on est arrivé à 14 mètres de profondeur.

Le temple de Luxor était aussi de proportions gigantesques, et on y voit encore des colonnes et des parties très-bien conservées.

Le village de Luxor, tel qu'il est en ce moment, ressemble à tous les villages arabes, où la misère est devenue pour ainsi dire le luxe des habitants.

Lorsque la chaleur fut un peu tombée, la colonie du *Machmoudié* se partagea en deux parties : l'une alla visiter Medineh-Abou et l'autre accompagna mon mari à Karnak. Je restai, ainsi que M. Zwéguinsew, parce que nos forces ne suffisaient pas à deux excursions par jour. D'ailleurs, la chaleur avait été épouvantable ; il y avait 40° au soleil et 30° à l'ombre. Pendant que mon compagnon et moi nous étions tranquillement établis sur le pont, moi à prendre mes notes, lui à lire, il se passa une scène très-comique parmi les hommes de l'équipage. Ibrahim, après avoir jeté ses hameçons, s'occupait à faire la lessive, parce qu'il remplit aussi les fonctions d'une blanchisseuse, toujours en riant et en faisant toute espèce de grimaces. En voyant Afis, le valet de chambre principal, marcher avec une certaine agitation, il roulait de gros yeux pour nous faire comprendre qu'Afis était pris de vin.

J'avais manifesté le désir de dîner sur le pont et j'avais prié le capitaine de donner les ordres nécessaires à Afis. Le capitaine ayant fait ma commission, voulut aider Afis à mettre la table ; ils ne purent jamais tomber d'accord sur l'endroit que cette malheureuse table devait occuper. Ils commencèrent par s'injurier et en vinrent bientôt à des voies de fait. Ils s'approchaient alternativement de nous pour nous persuader que chacun d'eux avait raison, mais il nous était impossible de les comprendre. Le capitaine, qui était un homme très-doux et très-calme, finissait par se ranger de l'avis d'Afis, qui, le voyant revenir à la table, s'emportait de nouveau et menaçait de le rouer de coups. Pendant leurs allées et venues, Ibrahim abandonnait sa lessive et les suivait en les contrefaisant de la manière la plus comique du monde, en riant d'un rire homérique. Grâce à ce bouffon d'Ibrahim, il nous fut impossible d'avoir des figures sérieuses qui eussent pu leur en imposer. Heureusement, le retour d'Abdallah mit fin à cette scène tragi-comique.

La soirée qui suivit cette journée tant soit peu tropicale fut d'une de ces splendeurs dont la description est difficile, sinon impossible ; la température se maintenait à 22° ; nous étions tous sur le pont, transformé en une espèce de salon en partie couvert d'une tente. Le *Machmoudié,* amarré à la rive orientale, avait à sa droite la chaîne libyque représentée par les sommets de Gebel-el-Moulouk, sur les rochers duquel la lune jetait ses rayons argentés ; une barque, stationnant au pied de la montagne, avait sa voile tendue et se préparait à partir. Cette voile s'éclaira subitement et sa lumière s'étendit comme une colonne de feu dans les eaux endormies du Nil ; peu à peu la voile se gonfla, suivit doucement le courant du Nil et disparut dans la brume.

Bientôt après, une magnifique *dahabié,* sur laquelle voyageaient des Anglais, défila devant nous pour se rendre à Kournach. La *dahabié* était à douze rameurs, qui chantaient sur le rhythme monotone des Arabes ; le salon de cette maison flottante étincelait de lumières ; la société était montée sur le pont et, lorsque la *dahabié* passa devant le *Machmoudié*, l'équipage nous salua de salves de mousqueterie en signe d'adieu ; plusieurs détonations partirent aussi du pont de notre vapeur, auxquelles les Anglais répondirent, tandis que les rameurs poussaient dans leur langue un vivat sonore. Il y avait quelque chose de très-émouvant dans cette rencontre d'Européens à Thèbes qui, sans se connaître, s'y considéraient comme des frères.

Chez nous, on causait tout en buvant du thé et en jouissant en plein de cette fraîcheur relative de la nuit.

La vie à bord a quelque chose de particulier ; on y oublie le monde et on se sent tout autre que dans les salons étouffants de cette Europe qui veut être vieille et qui paraît enfant quand on se trouve au milieu des ruines gigantesques de l'antique Thèbes aux cent portes.

CHAPITRE XIX.

15 mars.

Ma sœur est allée visiter les tombes royales à Gebel-el-Moulouk. J'ai été obligée de renoncer à cette excursion à cause du long trajet qu'il y avait à faire à dos d'âne.

La chaleur était intense, le thermomètre marquait encore plus de 30° à l'ombre. Toutefois, à quatre heures, je résolus d'aller visiter Medineh-Abou. Je dus mettre un voile en mousseline blanche sous mon chapeau et m'en couvrir toute la figure, afin de me garantir d'un de ces coups de soleil qui sont souvent mortels.

La felouque du *Machmoudié* nous transporta à la rive occidentale, où des ânes nous attendaient sur une plaine de sable brûlant.

Toute la partie occidentale de Thèbes, qui contient Kournach, Gebel-el-Moulouk, le Raméséum, les colosses et Medineh-Abou, s'appelait jadis le Memnonium. Après un trajet d'une heure environ, on arrive aux deux fameux colosses d'Aménophis Ier. L'un d'eux est connu sous le nom de Memnon, celui-là même qui rendait autrefois des sons au lever et au coucher du soleil. Ces colosses sont couverts d'hiéroglyphes et de quelques inscriptions romaines ; la tradition raconte que c'est sous le règne de Néron qu'on a réuni les blocs de ces colosses, qu'un tremblement de terre avait détruits. Non loin de là, on voit encore des débris d'anciens monuments ; à droite, s'élève le Raméséum ou temple de Ramsès III. Un beau portique à cariatides gigantesques est encore debout, ainsi qu'une salle carrée à colonnes et un propylone à moitié détruit par un tremblement de terre. Le colosse de Ramsès est là gisant au pied du temple qu'il a construit. Ces ruines forment trois groupes distincts : le premier, qui fait face au Nil, est celui du pylone dont un angle est encore debout ; le second est celui du portique, dont des cariatides gigantesques forment les piliers ; le troisième est celui du temple même de Ramsès, avec le pavillon du roi où l'on voit son portrait gravé sur le fond d'un mur. À droite de ce pavillon, on aperçoit les fondements d'un édifice carré qui a dû être le palais. A une certaine distance, le Raméséum rappelle le temple de Pœstum.

Le temple de Medineh-Abou est du côté du sud et à la distance de vingt minutes du Raméséum. Les colosses se trouvent entre eux deux et forment, pour ainsi dire, une porte d'entrée par laquelle on passe pour arriver aux ruines.

Le temple de Medineh-Abou porte ce nom à cause du village arabe qui a été construit sur ses ruines. On pénètre d'abord par un beau portique dans une grande salle carrée, dont les murs ont des fenêtres à double étage. Cette salle est entourée de colonnes couvertes d'hiéroglyphes à cartouches royaux et d'effigies de Ramsès III, qui en a été le constructeur. Un pylône conduit dans une autre salle, dont la partie droite a des cariatides et la gauche des pilastres dont on ne voit plus que le tiers, le reste étant enfoui sous les décombres des masures arabes. Cette salle a dû servir aussi au culte chrétien, car on y voit des colonnes d'un style grec qui formaient un temple à part dans l'intérieur de cette vaste salle, d'où l'on entre dans le temple de Touthmès III. Il est de forme carrée et tout orné de plusieurs rangées de colonnes magnifiquement ornées d'hiéroglyphes et de cartouches de Touthmès III. Cette pièce a dû évidemment précéder le sanctuaire, qui n'est pas déblayé, et les magnifiques colonnes qui la peuplent n'ont plus que le quart de leur hauteur. Elle est en outre entourée d'une quantité de chambres, dont l'intérieur est très-bien conservé quant aux sculptures et aux couleurs des peintures. En sortant de ces merveilleux débris des grandeurs passées et en suivant le côté gauche du temple, on arrive dans un pavillon de Touthmès, admirable par sa conservation.

L'aspect de Medineh-Abou est des plus splendides, il dépasse en grâce et en élégance les magnificences de Karnak. Il y a du dentelé dans l'architecture dont les découpures sont dorées par les rayons séculaires du soleil.

Je suis revenue à bord du *Machmoudié* à huit heures du soir ; on m'attendait pour dîner ; j'ai trouvé Moustapha-Aga, que mon mari avait invité. C'était quasi fête ce soir-là chez nous, la nuit était superbe et l'humeur des passagers excellente.

La population des environs de Medineh-Abou est d'un très-beau type, aux traits fins et réguliers, aux yeux superbes et au teint chaudement bronzé. Quant au costume, il brille par son absence presque complète.

CHAPITRE XX.

KENEH.

16 mars.

A la pointe du jour, nous avons quitté les rives grandioses de Thèbes, et vers une heure le *Machmoudié* s'arrêta à Keneh. La chaleur étant intense, ce ne fut qu'à quatre heures que nous pûmes aller visiter le temple de Denderah, situé sur la rive occidentale. Il faut une heure pour y arriver.

Le temple est un des plus modernes de l'Égypte ; il a été construit par Cléopâtre, pour son fils Césarion. Aussi leurs cartouches et leurs effigies se trouvent-ils sur toutes les colonnes, les chapiteaux et les murs. Le temple de Denderah a l'avantage d'avoir conservé son toit et ses plafonds qui sont magnifiquement peints. Il a été, dit-on, terminé sous Néron; il était dédié à la déesse Hather, dont la ville portait le nom Thenather ou Thenathyer, devenue plus tard Denderah.

Le portique ou *dromos* du temple a été construit sous Tibère ; il a vingt-quatre colonnes disposées en quatre rangées ; le plafond y est décoré du célèbre zodiaque. Au portique succèdent trois salles, dont la première est ornée de colonnes et les deux autres ont des chambres latérales. Le *naos* ou sanctuaire, qui termine cette suite de salles, est isolé par un large couloir des six chambres qui l'entourent et qui, jadis, servaient d'habitation aux prêtres. La longueur du temple est de quatre-vingt-un mètres et sa largeur de trente-quatre. Le portique a dix-huit mètres de hauteur, et dépassant le temple, lui donne la forme d'un T renversé (⊥).

A droite, non loin du grand temple, on aperçoit dans les décombres un autre petit temple dont l'extérieur est à moitié enfoui dans les ruines du village de Medineh-Abba. Ce temple était dédié à la déesse Isis, et intérieurement il est très-bien conservé. Il est aussi orné d'un *dromos* et il avait également un pylone; il a été construit dans la trentième année du règne d'Auguste.

Ces deux temples sont entourés d'un vaste espace de décombres, qui formaient jadis la ville de Thenathyer. On y voit encore des pylones et des débris d'édifices sur lesquels le village arabe a été bâti. Le grand temple, toutefois, est déjà d'un style en décadence.

SOUHAK.

17 mars.

La soirée à Keneh fut encore une ravissante soirée tropicale, mais le lendemain, pendant le trajet de Keneh à Souhak, nous eûmes des bouffées de *khamsin* qui nous laissaient à peine respirer. Nous étions étendus sur le pont dans un état de prostration totale; une soif ardente nous dévorait et nous nous félicitions presque d'avoir renoncé à aller jusqu'aux secondes cataractes, qui étaient le but de notre voyage, tous les drogmans que nous avions rencontrés nous ayant dit que les Européens ne pouvaient guère supporter la température qui régnait à Assouan dans cette saison.

Arrivés à Souhak, nous respirâmes enfin un peu de fraîcheur en faisant une promenade sur la felouque du *Machmoudié*. De l'autre côté du rivage, j'admirai la gracieuse silhouette de Souhak, à laquelle les jardins de palmiers faisaient un fond d'une couleur tout à fait locale ; le soleil couchant jetait de pâles rayons sur la rive ; il y avait quelque chose de doux et de triste dans ce paysage du désert, animé extraordinairement ce jour-là par l'arrivée de trois vapeurs, d'une *dahabié* et d'une multitude de barques.

C'est entre Keneh et Souhak, tandis que nous étions couchés sur le pont, sous l'ardeur d'un soleil brûlant, qu'Ibrahim accourut en criant : « Kimsa, kimsa » (crocodile). Nous nous levâmes alors et vîmes sur un banc de sable deux de ces monstres, dont l'un était énorme et disparut bientôt à l'approche du bateau ; l'autre, infiniment plus petit, ne bougea pas.

La veillée à Souhak se prolongea longtemps à

cause du *khamsin*, qui ne cessa de souffler qu'après onze heures. Tout dormait autour de nous, ville et bateaux avaient éteint leurs lumières ; seul le *Machmoudié* resta longtemps éclairé.

MONFALOUH.

18 mars.

Notre voyage de retour se fait, hélas! avec trop de rapidité ; la traversée de Souhak à Monfalouh nous a éloignés des régions tropicales. Le vent du nord souffle avec violence et les 20° de chaleur à l'ombre ne nous paraissent plus suffisants.

En arrivant à Monfalouh, où nous devions coucher, nos messieurs sont allés à la chasse, qui a été infructueuse. C'est entre Souhak et Monfalouh que nous avons aperçu la fin d'un drame dont nous avions d'abord vu le second acte : le cadavre de l'homme percé de balles, qui flottait dans les eaux du Nil, se trouvait arrêté sur un banc de sable et une nuée d'aigles en faisaient leur repas.

Les cadavres de ceux qui avaient été pendus étaient enlevés, et beaucoup de villages ne présentaient qu'un amas de décombres où l'on n'apercevait plus que quelques femmes et des enfants.

CHAPITRE XXI.

FECHM.

19 mars.

C'est à Fechm que nous avons passé notre dernière nuit en retournant au Caire ; la journée n'a pas été très-belle, à cause du vent du nord qui soufflait avec force. Ce n'a été que très-tard dans la matinée que nous avons pu monter sur le pont.

BENI-SOUÏF.

20 mars.

A huit heures du matin, le *Machmoudié* s'est arrêté à Beni-Souïf, parce que mon mari a voulu télégraphier au Caire pour avoir des chambres.

Pendant ce temps, notre ex-drogman, qui était parti pour la Haute-Égypte avec des Allemands qui s'étaient arrêtés à Beni-Souïf, vint nous voir et nous donna tous les détails concernant le soulèvement de la province de Siouth, ce qui nous fit encore plus apprécier toutes les attentions d'Ismaël-Pacha à notre égard.

Ce dernier jour de notre voyage a été des plus agréables. Vers deux heures de l'après-midi, le vent était tombé, le thermomètre marquait à l'ombre 20 degrés, qui nous firent l'effet d'une très-agréable fraîcheur.

Le *Machmoudié* rasait les flots avec la rapidité d'une flèche ; nous étions tous sur le pont, et en arrivant à la hauteur de Darchour, un magnifique paysage se déroula devant nous ; à notre gauche s'élevaient majestueusement les pyramides de Zahara, sur les ruines de l'ancienne Memphis ; à droite s'étendait la chaîne arabique, percée d'une masse de grottes tumulaires. En approchant de l'île de Rouda, nous revîmes les belles propriétés de Hassan-Pacha, et plus loin celles du vice-roi, plus belles encore. Le magnifique édifice de Caser-el-Nil frappe par son contraste avec les constructions du rivage opposé, où l'on n'aperçoit que de misérables masures de fellahs, jusqu'à la hauteur de Gisreh, qui contient le palais du vice-roi et son splendide harem.

L'avant-soirée était si belle, que nous ne résistâmes pas à la prière de l'équipage de prendre notre dernier repas à bord du *Machmoudié*. Quand il fallut débarquer, le capitaine et tous ses matelots voulurent absolument nous reconduire, afin de nous témoigner leur reconnaissance pour la gratification que mon mari leur avait donnée. Le capitaine insista beaucoup pour nous conduire jusqu'à Alexandrie sur le *Machmoudié*.

Notre arrivée à *Shepcards-Hotel* y fit événement. Tout le monde nous entoura et nous questionna sans nous donner le temps de répondre; nous nous esquivâmes à grand'peine et prétextâmes l'arrivée de notre consul pour rentrer chez nous.

LE CAIRE.

22 mars.

Nous n'avons presque pas quitté l'hôtel, tant nous nous sommes trouvés fatigués de notre voyage. Mon mari est allé remercier le vice-roi de toutes ses amabilités et il a été invité par S. A. à assister à une revue des troupes à l'Abazié et à la distribution des prix de l'école militaire qui s'y trouve annexée. Le vice-roi a chargé mon mari de nous prévenir que ses femmes nous attendaient le lendemain à deux heures de l'après-midi.

23 mars.

Un *khamsin* brûlant soufflait avec violence lorsque nous allâmes à Gisreh prendre congé des vice-reines et de la princesse mère. En arrivant au harem, nous fûmes reçues, comme d'habitude, par une multitude d'esclaves dont deux étaient d'une merveilleuse beauté.

Nous trouvâmes Shered-Fesa assise dans le vestibule en marbre, où régnait une fraîcheur délicieuse ; c'est là qu'elle nous reçut avec sa grâce habituelle; elle me fit des questions sans fin sur notre voyage dans la haute Égypte. Les détails que je lui en donnai l'intéressèrent beaucoup. Elle me dit :

« J'avais extrêmement envie d'être du voyage du vice-roi qui avait espéré vous rencontrer à Minieh, mais il a pris avec lui sa seconde femme, parce qu'elle est mère du petit pacha, auquel Minieh est destiné. Je me suis consolée en apprenant que vous n'avez pas pu attendre Ismaël-Pacha. »

Quelque temps après, arriva Tchetcha-Afed, qui était aussi d'un entrain extraordinaire ce jour-là ; la conversation ne tarissait pas et était souvent interrompue par des rires bruyants. Ces dames s'étaient prises d'amitié pour nous et elles ne dissimulaient pas le plaisir qu'elles avaient à nous voir. Tchetcha-Afed, en voyant que je portais une petite casaque circassienne en cachemire blanc brodé d'or, me dit avec émotion :

« Cela vient de mon pays, je le reconnais ; est-ce que cela se porte beaucoup en Russie ?

— Mais, oui ; cela nous vient du Caucase et nous plaît infiniment. »

Shered-Fesa saisit ma main avec vivacité et, désignant plusieurs belles esclaves qui se tenaient devant nous, me dit en souriant :

« Elles sont toutes vos sujettes, car elles sont toutes Circassiennes comme moi, et Tchetcha-Afed. »

J'essayai de découvrir parmi ces femmes celle qui parlait russe, et avec la permission de Shered-Fesa je leur adressai la parole collectivement dans ma langue. Mais aucune d'elles ne voulut se trahir, dans la crainte d'éveiller des soupçons et de faire croire qu'elles n'étaient pas heureuses.

Les deux filles de Shered-Fesa vinrent animer encore notre entretien. Tefida s'approcha de moi et me dit que sa mère et les autres princesses l'avaient chargée de nous offrir des costumes orientaux pareils à ceux qu'elles s'étaient fait faire pour nous recevoir ce jour-là.

« Je vous remercie beaucoup, dis-je à Shered-Fesa, et j'accepte votre cadeau de grand cœur. Ce sera un souvenir pour moi de votre charmante hospitalité.

— Allez le mettre, je vous en supplie !

— Cela vous fera-t-il plaisir?

— Kitir, kitir (beaucoup, beaucoup). »

Je me levai aussitôt pour suivre Tefida et Fatma qui, après s'être jetées à mon cou pour m'embrasser, m'entraînèrent dans un salon voisin. Tefida se mit à m'habiller avec une joie enfantine; elle éprouva toutefois un petit désappointement en voyant que je ne voulais pas me laisser coiffer. J'appréhendai qu'on ne me mît des bijoux à la coiffure et qu'on ne me forçât ensuite à les garder. Je lui persuadai que ce serait trop long et la consolai en l'embrassant.

Bientôt je rentrai, parée des atours orientaux, à la grande satisfaction de ces dames. Elles étaient ravies de ma complaisance et prétendaient que je savais marcher comme elles. Quelque temps après elles nous engagèrent à monter pour aller voir leur belle-mère, qui était venue passer quelques jours à Gisreh et qui venait de terminer sa sieste dans le grand salon d'honneur.

La princesse mère me fit un accueil des plus aimables, trouva que j'avais une mine excellente et que le costume oriental me seyait parfaitement. Elle mettait une intention visible à être aimable et s'intéressa vivement au récit que je lui fis de mon voyage.

Elle me dit entre autres :

« Savez-vous que le vice-roi n'a encore fait des frais pour personne comme pour votre mari? il en est tellement enchanté, qu'il a tenu à lui être agréable dans la moindre des choses. Quant à vous, mes belles-filles et moi nous espérons que vous reviendrez l'année prochaine ici, et comme le voyage dans la haute Égypte a fait du bien à votre santé, mon fils mettra à votre disposition un bâteau à vapeur pour un voyage de quatre mois, si cela vous amuse. »

C'était pour la première fois que je voyais les princesses dans l'intimité de leur famille. L'étiquette, qui avait régné pendant le Beïram, avait disparu; Shered-Fesa, Tchetcha-Afed étaient trèscaressantes et très-attentives pour leur belle-mère, qui les traitait avec beaucoup de bonté.

Il survint des visites européennes, la femme d'un consul avec sa fille; la première parlait très-bien le turc et le français, ce qui fit que la conversation s'anima encore davantage. Je me trouvais assise avec les deux femmes d'Ismaël à côté de leur belle-mère, et, vu mon costume oriental, la consulesse me prit d'abord pour la troisième femme du vice-roi qu'elle ne connaissait pas. Elle me traita d'Effendina et me parla turc. Je ne lui répondais pas et, mon silence ne l'étonnant guère, vu le mutisme des femmes orientales quand cela leur convient, je me plus à la mystifier pendant quelque temps, en ne prenant pas part à la conversation quand elle se faisait en français.

Comme il y avait à peu près deux heures que je portais mon costume, je priai Mme L... de dire à Shered-Fesa que je comptais aller reprendre mes habits. Je vis alors la consulesse, assez embarrassée, rire toutefois de sa méprise.

« Enfin, me dit-elle, je sais que vous n'êtes pas Turque; votre silence m'avait induite en erreur. Je vous ai prise pour une des princesses. Je ne pouvais seulement pas m'expliquer pourquoi vous étiez coiffée à l'européenne. »

Shered-Fesa me dit avec regret, après avoir beaucoup ri de la méprise de la consulesse :

« Pourquoi ne rentrez-vous pas avec votre costume chez votre mari, il ne vous aurait pas reconnue ?

— Mais comment voulez-vous que je traverse tout l'hôtel ?

— Eh bien ! alors, promettez-moi de rentrer en cachette chez vous, de remettre le costume et d'aller surprendre votre mari en vous faisant annoncer comme une dame musulmane.

— Je vous le promets.

— Un moment encore ; avant d'aller vous déshabiller dites-moi votre nom, je veux le retenir par cœur. (Elle ne savait que mon nom de famille.)

— Promettez-moi de ne pas oublier le mien, ni celui de Tchetcha-Afed : écrivez-les. Tefida, apporte une plume et de l'encre. »

Quand je me mis à écrire, elles m'entourèrent toutes pour bien voir ce que je faisais.

Je me levai enfin pour aller me déshabiller. Tefida et Fatma me suivirent en m'étourdissant de leurs baisers et en m'aidant ensuite à changer de vêtements.

Arrivée au salon d'honneur, j'essayai en vain de partir; dès que je faisais un mouvement, ces dames me saisissaient par la main et me faisaient rasseoir. Nous passâmes ainsi toute la matinée au harem. Lorsque la consulesse se leva pour partir, je profitai de l'occasion pour prendre congé de mes aimables hôtesses, dont il me serait difficile de retracer toute la gracieuseté, les souhaits de bonheur et les instances pour que je revinsse en Égypte.

Tefida et Fatma nous suivirent jusqu'au jardin, où une nuée d'esclaves nous accompagnèrent jusqu'à la porte de ce palais enchanté.

CHAPITRE XXII.

ALEXANDRIE.

29 mars.

Depuis quelques jours, nous nous trouvons à Alexandrie et nous y attendons notre embarquement pour l'Europe.

Le jour où nous avons quitté le Caire, le *khamsin* avait cessé et l'air s'était rafraîchi. Le long de la route, le panorama du Caire se déroulait gracieusement devant nous; les champs étaient couverts de riches moissons et le froment balançait ses épis dorés. On s'arrêta pour déjeuner à Kafer-el-Saïd, après avoir dépassé Tantah. Un peu plus loin, le paysage devient triste, car le désert libyque paraît, et bientôt les eaux desséchées du lac Maréotis annoncent la proximité d'Alexandrie.

30 mars.

Notre séjour en Égypte tire à sa fin ; je regrette sincèrement de quitter ce pays, dont le climat si doux a ranimé mes forces éteintes. Déjà Alexandrie m'impressionne désagréablement, car toute notre petite caravane et moi en tête, nous nous sentons infiniment moins bien que dans la Haute-Égypte et au Caire.

Nous avons été faire une promenade hors de la ville, au jardin Pastré, acheté dernièrement par le vice-roi et situé en face de Rambé, qui est le lieu de refuge des habitants d'Alexandrie pendant les fortes chaleurs.

Cette ville, jadis si célèbre, n'a pas un caractère oriental très-marqué ; quand on y revient du Caire, elle paraît presque européenne. Elle possède plusieurs théâtres dont celui de Zezinia est le plus renommé ; on y donne des opéras italiens. Quand on débarque à Alexandrie, en venant de l'Europe, on est frappé par son aspect oriental; mais quand on y revient du Caire et de la Haute-Égypte, on est désappointé de ne pas y retrouver l'Orient, avec toutes ses splendeurs et ses misères. Il est difficile de se rendre compte du charme que l'on subit peu à peu et qui finit par vous absorber complétement quand on habite ce pays si exceptionnel. Une douce paresse s'empare de tout notre être et on finit par se contenter de vivre et de regarder. On aurait envie de stéréotyper dans son esprit tous les tableaux magiquement pittoresques que l'Orient déploie sans cesse devant nos yeux blasés et fatigués de l'uniformité de l'Europe. Le calme majestueux de l'antiquité de ce pays, les débris de sa grandeur, défient presque l'éternité, et la gloire des nations qui lui ont succédé n'offre rien comme souvenir de son passé dans les proportions des seules ruines de Thèbes.

2 avril.

Ce matin, le soleil a reparu après quelques jours gris et maussades, affreux à voir après de longs mois passés sous l'ardente lumière d'un soleil constant. D'ailleurs, Alexandrie inspire de l'ennui ; on y voit d'affreux Européens singeant les indigènes qui, à leur tour, veulent prendre les allures européennes qui ne leur vont guère.

Nous avons dirigé notre promenade vers Ras-el-Tin, où se trouvent le palais et le harem du vice-roi. Le chemin qui y conduit est très-joli, on traverse la place des Consuls, le quartier du Bazar et des rues où l'on voit de belles maisons et de beaux harems. Plus loin, on suit une belle allée de cèdres qui mène à l'arsenal maritime, près duquel on passe sous une grande porte quasi-triomphale, d'où l'on débouche sur une grande place qui s'étend devant le palais bâti sur le bord de la mer et communiquant au harem par une petite galerie mauresque, masquée en grande partie par un mur assez élevé. Le harem paraît moins grand que celui de Gisreh et son architecture est moins belle ; il doit avoir une vue magnifique sur le port. Plusieurs pavillons de bain, attenant au harem par des galeries couvertes, s'étendent dans la mer ; les fenêtres de ces pavillons sont soigneusement grillées comme toutes celles qui se trouvent dans les habitations des femmes en Orient. Partout règne l'impénétrable mystère !

Il y a une belle fontaine au milieu de la place, et à sa droite on aperçoit encore un splendide harem entouré de jardins et de hautes murailles. Il a l'air de n'être plus habité, à en juger par la négligence avec laquelle il est tenu, et qui contraste avec l'ordre et la propreté remarquables que l'on trouve en général dans les harems qui sont habités.

La vue du palais de Ras-el-Tin m'a transportée en idée dans le superbe harem de Gisreh ; je crus voir errer devant mes yeux toutes ces belles créatures qui n'existent que pour le plaisir d'un seul homme. Le délicieux visage de Shered-Fesa semblait me sourire, et la gracieuse Tchetcha-Afed me paraissait traîner sa démarche languissante, tandis que trois belles esclaves soutenaient les plis de sa longue robe. Oui, je les ai bien vues et contemplées toutes ces mystérieuses splendeurs qui transportent l'imagination dans un monde fantastique qui semble à peine être une réalité.

CHAPITRE XXIII.

A bord du *Nianza,* 5 avril.

C'est sur le *Nianza* que nous nous sommes embarqués le 5 avril pour quitter définitivement l'Afrique. Nous nous y sommes rendus deux heures avant le départ, afin de nous caser un peu dans le cas où la mer serait houleuse.

Le port d'Alexandrie présentait un aspect magnifique ; une masse de vaisseaux et de bateaux formaient comme une forêt de mâts.

Le *Nianza* est un tout nouveau bateau qui n'a fait qu'un voyage ; il a été ainsi nommé en mémoire du lac récemment découvert par Speeck, dans son exploration des sources du Nil, au centre de l'Afrique. Ce bateau est superbe, et les cabines en sont d'un confort admirable; elles sont spacieuses, aérées, et ne contiennent pas plus de trois lits. Nous en avons deux pour notre part, mon mari a le docteur dans la sienne, moi je suis avec Marianne; nous sommes séparés par un petit couloir qui mène au grand salon, dont l'élégance et la propreté sont extraordinaires.

Les passagers sont au nombre de cinquante; malheureusement ils traînent avec eux autant d'enfants, horribles, braillards, sales, malades, qui sont les produits chétifs des Indes. Le capitaine, qui est mon voisin de table, — car on nous a donné les places d'honneur, — paraît aimable et poli; il a seulement la physionomie d'une vieille fille, tout en étant barbu; il est soigneusement frisé sur les tempes, quoique le sommet de la tête présente déjà une légère calvitie.

La vie à bord se passe à manger; à six heures du matin on sert le thé et le café dans les cabines, à neuf heures on déjeune; à midi on *lunche;* à quatre heures on dîne; le dîner est composé de vingt-sept plats qui se composent en majeure partie de viandes rôties. A huit heures, on sert encore du thé et du café, et à dix heures du grog. De neuf à dix heures il y a musique, ce qui rompt un peu la monotonie du voyage.

8 avril.

Le dernier jour de notre traversée, la mer a été houleuse. Vers neuf heures du soir nous sommes entrés dans la rade de Malte; la nuit était belle et fraîche, pour nous surtout qui arrivions de la haute Égypte.

Malte se présente d'une manière assez grandiose au clair de la lune. Les gigantesques fortifications, bâties en pierre blanche, se découpaient en silhouettes majestueuses sur le fond étoilé du ciel; des vagues furieuses se jetaient échevelées sur les murs et retombaient avec fracas. Assis sur le pont, nous admirions ce spectacle en nous sentant parfaitement isolés parmi une foule indifférente. Nous n'attendîmes pas longtemps notre débarquement; une petite barque fut amarrée à notre bord, et nous y descendîmes sans avoir donné un seul serrement de main amical à qui que ce fût.

D'énormes vagues soulevaient notre frêle embarcation et paraissaient vouloir l'engloutir. Le *Nianza* s'était arrêté bien avant dans le port, ce qui nous fit faire un long trajet jusqu'à l'endroit où l'on débarque, à La Valette. J'ai été saisie d'une grande frayeur parce que nous étions à la merci de nos rameurs pendant la nuit et par une mer très-forte, de plus, dans un pays complétement inconnu.

Pour pénétrer dans la ville il faut monter un escalier énorme; enfin, vers minuit, nous arrivâmes à l'hôtel d'Angleterre où on nous logea dans des chambres dont le froid était glacial. Nous passâmes une nuit affreuse; je ne pus dormir à cause de mes nerfs ébranlés par tant de fatigues et tant d'émotions.

LA VALETTE.

9 avril.

D'après les renseignements que nous avons pris, il ne nous sera pas possible de partir avant samedi, qui se trouve être le samedi saint; nous avons, hélas! la perspective de passer Pâques en mer.

10 avril.

La ville de La Valette est d'une propreté charmante, elle est bâtie d'une manière très-régulière et ses rues se croisent à angle droit; la principale est la *Strada-Reale* où se trouve l'église de Saint-Jean-de-Jérusalem, que nous sommes allés visiter; l'extérieur en est assez grandiose, intérieurement elle est très-belle. Il y a beaucoup de chapelles latérales appartenant à différentes nations, et contenant les monuments funèbres des prieurs, ceux des deux Cottoners sont les plus curieux. Le plancher de l'église est composé de plaques armoriées, qui couvrent les tombes de quatre cents chevaliers. On montre dans une des chapelles un beau tableau représentant saint Jérôme, qu'on dit avoir été peint par Michel-Ange; de plus, une belle fresque ayant pour sujet la *Décollation de saint Jean*, et qui est également du Caravage.

Le jardin de Saint-Antonio, avec un beau palais d'été, habité jadis par les grands maîtres, et devenu actuellement la résidence du gouverneur, est un lieu délicieux. Le jardin est rempli d'orangers qui étaient en pleine floraison et embaumaient l'air; de magnifiques daturas grimpants couvraient les murs du palais qu'ils garnissaient d'une manière très-pittoresque.

Le palais des grands maîtres n'a rien de bien remarquable; il possède une espèce d'arsenal qui contient quelques curieuses armures et deux bulles des papes.

La campagne qui entoure La Valette est composée de petits enclos de terre cultivés avec un soin extrême; les villages sont grands et bien bâtis, mais la végétation manque et c'est à peine si on aperçoit, par-ci par-là, quelques bouquets d'arbres.

Ce qu'il y a de réellement beau à La Valette, ce sont les points de vue, particulièrement à la place de la *Regina*, autrefois la promenade des chevaliers. C'est une colonnade bâtie sur un rocher à pic, d'où la vue s'étend sur les bastions, les fortifications de La Valette et sur une immense étendue de la mer; ce point de vue est magique et peut être presque comparé à ceux dont on jouit à Naples. Toutes les rues transversales de la ville aboutissent des deux côtés à la mer, ce qui fait une perspective des plus pittoresques à travers des élégantes maisons avec leurs *miradores* (balcons).

MESSINE.

A bord du *Vatican*, 17 avril.

Le 15 à midi, nous nous sommes embarqués à bord d'un vapeur français pour nous rendre à Naples. Notre traversée jusqu'à Messine s'est effectuée très-heureusement; la mer était calme, le temps était beau. Nous avons passé une journée à Messine; c'était précisément le dimanche de Pâques. Il m'en a beaucoup coûté de n'avoir pu aller à l'église et de me trouver si loin de tout ce qui aurait pu me rappeler mon pays où Pâques est une fête si générale et si populaire.

Descendus à terre, nous avons parcouru Messine, qui est une jolie ville bâtie un peu en amphithéâtre. La cathédrale de Saint-George, que nous sommes allés visiter, est une antique et belle église. Quand nous en sortîmes, nous vîmes passer dans la rue une cérémonie assez bizarre et toutefois assez commune dans le midi de l'Italie; on portait les statues de la Vierge et du Christ, ridiculement accoutrées, que l'on promenait à travers toute la ville au grand ébahissement des gamins.

Parmi les passagers du *Vatican*, il en arriva à Messine quelques-uns qui nous offrirent des types assez curieux : un pasteur anglais entre autres voyageant avec sa femme. Nous les avions déjà rencontrés à Alexandrie d'où ils étaient partis pour visiter Athènes, Constantinople et Jérusalem. Ils en étaient revenus râpés jusqu'à la corde; le mari portait en guise de chapeau une espèce d'ananas en feutre recouvert d'un turban blanc; ses habits avaient l'air de vouloir l'abandonner; la femme, vêtue de guenilles, s'abritait sous un immense parapluie noir, recouvert d'une housse blanche; ses cheveux lui pendaient de tous côtés et ses jupes traînaient encore après elles tous les débris sans nom qu'elles avaient ramassés en Orient. Quand ils montèrent à bord, un rire homérique les accueillit. Ils avaient pris au bureau de la compagnie les secondes places; la cabine de l'épouse était celle des femmes et *vice versa*.

Après qu'ils les eurent visitées, l'époux devint furieux. Il s'en alla au capitaine en lui disant : « Pourquoi m'a-t-on séparé de *mon* femme? Je vous dis que je veux être avec *mon* femme, je dors toujours avec *mon* femme. » Le commandant, gros et jovial Provençal, lui rit au nez en s'écriant : « Qu'est-ce que cela me fait, à moi, que vous dormiez toujours avec votre *mon* femme? » L'hilarité de tous les passagers débarrassa heureusement le capitaine de ces importuns.

Un autre couple anglais avait l'air plus fashionable; la femme était assez belle personne, coiffée avec une certaine prétention, chantant faux, aux sons d'un piano qui était affreusement discord et faisant les yeux doux à un petit jeune homme cosmopolite, qui parlait de plus toutes les langues mortes et vivantes; le mari ne chantait pas mal, seulement il bégayait horriblement en parlant, au grand désespoir du commandant avec lequel il entamait des discussions sans fin. Ce couple était allé à la messe de Messine. L'Anglais établit sa femme sur une chaise et se mit à rôder dans l'église; aucune place ne paraissant lui convenir, il aperçut enfin un confessionnal, et s'y installa pendant toute la durée de la messe.

Vers quatre heures après midi, nous passâmes devant le Stromboli, volcan qui s'élève en pain de sucre dans la mer; au pied du volcan on aperçoit plusieurs villages qui doivent leur origine à des prisonniers politiques qu'on y envoyait en exil. Ils y bâtirent de petites habitations qui s'augmentèrent par l'arrivée d'une population qui avait déserté les îlots avoisinants.

NAPLES.

18 avril.

A sept heures du matin, le *Vatican* jetait l'ancre dans la baie de Naples. La matinée était loin d'être belle, un brouillard épais enveloppait la ville, qui m'a fait l'effet des souvenirs que j'y rapporte : un beau passé, voilé de chagrin... Hélas! combien tout a changé depuis ce séjour, plein de jeunesse et de joie, que j'y ai fait il y a quelques années! Quel vide et quel silence ont succédé à l'animation qui y a régné! Où est-elle cette voix argentine et vibrante de ma sœur qui chantait si joyeusement :

Vedrete Napoli, che bel paese
Deh salutate lo di parte mia
E tante cos' a Santa-Lucia.

Elle s'est éteinte dans une tombe!... et tant d'autres choses qui ne reviendront plus!!..

Mais enfin nous étions en Europe, et nous pouvions crier : terre, terre!

PARIS. — J. CLAYE, IMPRIMEUR, RUE SAINT-BENOIT, 7.

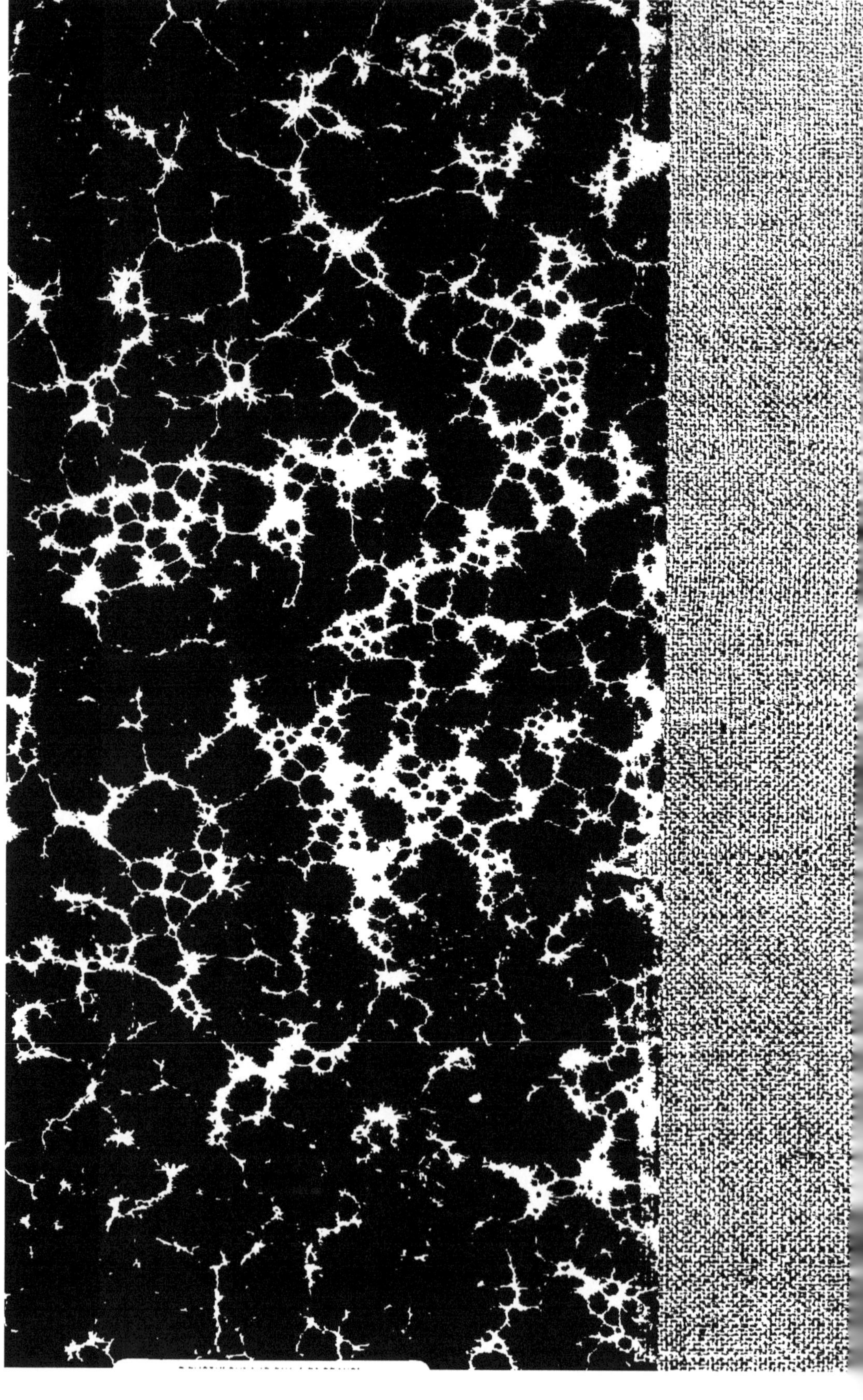